珠寶與首飾設計

從創意到成品

珠寶與首飾設計

從創意到成品

伊麗莎白．歐佛 ELIZABETH OLVER 著

楊彩玲 校審．林育如 譯

新一代圖書有限公司

推薦序

珠寶設計近年來已從昂貴華麗的珠寶產業轉變為高貴獨特的珠寶藝術，而正值台灣的經濟發展由「委託代工」(OEM)逐漸轉變為「委託製造/委託設計製造」(ODM)及「自創品牌」(OBM)之當下，代工加工的流行產業也注入一股自行開發設計的潮流，珠寶設計師在這一方小小園地裡辛勤耕耘，其多元化與自主性亦漸受重視，珠寶設計轉變為金屬工藝創作之趨勢亦在逐漸成形中。

然而以藝術創作為主體之金屬工藝領域中，設計始終是隱而不見的，如同本書作者伊麗莎白・歐佛(Elizabeth Olver)所說：「多數人覺得珠寶之所以散發著吸引力是因為它昂貴的材質，但實際上，『設計』才是真正的價值所在，出色的設計可使素材本身的價值倍增。」如何將設計過程作清楚明確的闡釋及運用，即是此書吸引人的重點所在。

作者將珠寶設計由創意至成品一系列的發想及研發過程，詳細以階段及步驟加以闡釋，其視覺筆記、設計概念、構想發展、實驗、草模至成品製作等，均有詳細的說明與圖示，是珠寶設計師及修習金工珠寶的同業們相當實用的參考書籍，其中數量可觀的名家範例亦可啓發設計創意，特推薦此書與金工珠寶設計同好們，以茲參考。

楊彩玲

楊彩玲

學歷

1983-1987 國立成功大學工業設計系工學士

2000-2002 國立台南藝術大學應用藝術研究所藝術碩士

2003 國立雲林科技大學設計學研究所博士生

現職

2004 高雄駁二藝術特區金工創意工坊主持人

2003 樹德科技大學生活產品設計系專任講師

2003 國立成功大學工業設計系兼任講師

獲獎紀錄

2004 第十二屆台灣工藝設計競賽銅獎（國立台灣工藝研究所）

2004 第九屆大墩美展工藝類優選（台中市文化局）

2004 第五十八屆全省美展工藝類優選（台灣省政府）

2003 第五十七屆全省美展工藝類第一名（台灣省政府）

目　錄

前言

我對珠寶的熱情始於求學時代，但這股熱忱並沒有因為時間流逝而降溫，反而促使我選擇就讀倫敦中央藝術設計學院(London's Central School of Art and Design)學習珠寶製作與設計。透過自己經營的珠寶設計事業，我學習到從另一個更明確的角度來看待珠寶設計；它幫助我以一個更原始的觀點來了解與欣賞珠寶。

由於我在皇家藝術學院(Royal College of Art)拿到了第二個學位，並在母校倫敦中央藝術設計學院任教，使我更加了解到珠寶設計的複雜與奧妙。在漫長的珠寶設計與製作生涯中，並與周遭充滿智慧的友人們時常地意見交流後，我領悟到了珠寶其實在她美麗的外表下，還存有著更深層的涵義。如同生命中有許多事情，一直被以理所當然的態度來看待，我們忽略了珠寶除美感之外的本質。多數人覺得珠寶之所以散發著吸引力是因為它昂貴的材質，但實際上，「設計」才是真正的價值所在，出色的設計可使素材本身的價值倍增。

“出色的設計可使素材本身的價值倍增”

每每與許多想要從事珠寶設計的人交談，使我發覺到，雖然大家都希望設計出美麗出色的珠寶，但卻鮮少有人了解：其實這是一個頗為困難的任務。如果真的他們料想的那樣簡單，那麼每個人都可以無時無刻，不斷地創造出所謂「美的物品」，但事實並非如此。雖然每一個人或多或少都具備對美麗事物的鑑賞力，但親自著手創造美麗可就完全是另外一回事了。 比方說要烹調美味佳餚，就必須先了解所謂「好吃的味道」是什麼；還要有組合各種食材特性的能力，進而打造出視覺與味覺的豐盛饗宴。以美味的料理為喻，就是希望大家能明白，單純欣賞美麗的珠寶遠比創造它更為容易多了。

“從事珠寶設計須具備對各種事物的好奇心，與吸收設計過程中各種元素的胃口”

從事珠寶設計必須對各種事物擁有強烈的好奇心，與吸收設計過程當中種種不同元素的「胃口」。我希望這本書能夠滿足大家這樣的「胃口」，並提供有心成為珠寶設計師的同好一些引導與思考方向，進而創造出令人出奇不意，精湛的作品。同時，我很高興能有機會可以在這本書當中，向各位介紹許多在世界各地優秀設計師作品，包括了這個行業的佼佼者和一些年輕而富有冒險精神的後起之秀。

學習如何設計珠寶可以是隨性而享受的旅程，但也可能會有極富挑戰或令人感到挫折的時刻。但是不管如何，由於對珠寶的喜愛，過程將使我們的生命更加豐富而美好。

~ 伊麗莎白・歐佛 (Elizabeth Olver)

如何使用本書

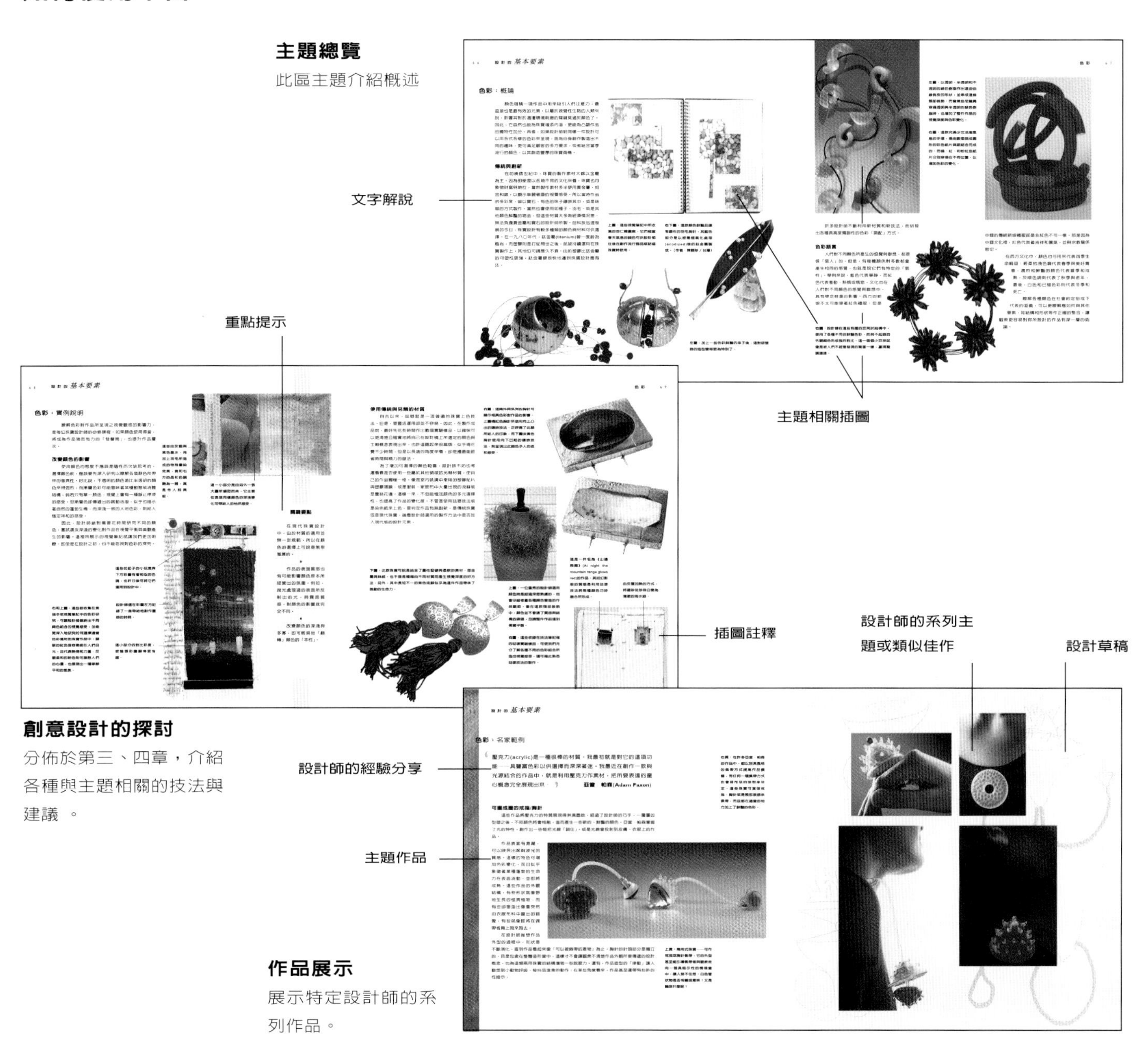
主題總覽
此區主題介紹概述
文字解說
重點提示
主題相關插圖
插圖註釋
設計師的系列主題或類似佳作
設計草稿
創意設計的探討
分佈於第三、四章，介紹各種與主題相關的技法與建議 。
設計師的經驗分享
主題作品
作品展示
展示特定設計師的系列作品。

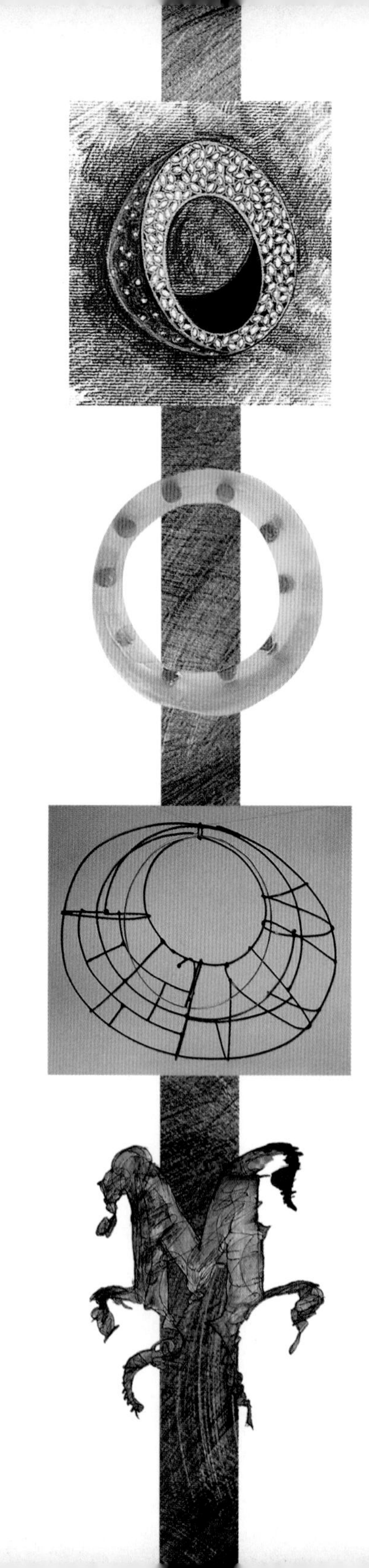

第一章
基本的設計工具

在珠寶設計的過程中，總有一些不可或缺的必備工具。但依照每個設計師不同的需求，賦予各個工具的重要性和關聯性也因人而異。

好比說，熱衷親手創作成品的設計師，各種技法的筆記和製造方式的熟習度，就會成為其製作整件設計品的基礎。相反的，有些設計師偏重於抒發自己對美麗事物的感受，這樣一來，製作技法的純熟度便不那麼重要了。

無論喜愛哪一種方式，珠寶設計都必須源自於設計師對珠寶的熱情與執著。

繪圖能力

設計珠寶並不需要特別優秀的繪圖能力，但在整個設計過程中，不管是作底稿參考或與他人討論時，基本的平面繪圖能力還是必備的。因為設計師最終也得透過它來描述一件立體的作品、一個抽象的主題，或者是描述整個製作流程的順序。

表達想法與學習

繪圖能力在珠寶設計中是不可或缺的。它是一個在設計過程中，用來表達心中想法的「基本工具」。在創作初期，它可用來捕捉靈感，試驗各種不同的創意，及記錄各類主題的研究，或是把腦子裡的想法平面化。從較為實際的層面來看，在開始製作成品前，把一些比較屬於技術性的製作事項，如作品的組合方式或尺寸平面化，將有助於決定製作的次序。

右圖：這是由靈感的影像衍生出來的草圖。下方的幾個圖形就是代表從原始靈感發展出來的各個想法。

左下圖：兩件不同作品的製作草圖。將稿子直接畫在方眼紙上，有助於輕鬆掌握作品尺寸與比例。

右下圖：運用不同的繪圖媒材和畫作焦距的改變，不僅可以探索同件物體中的各個元素，也能使圖面變得更加生動活潑呢。

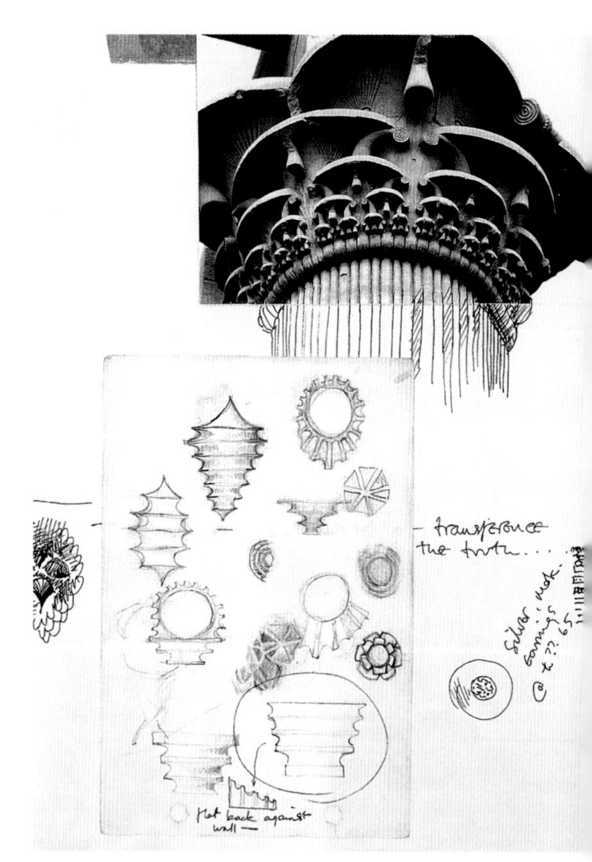

繪圖風格與手法

繪圖在設計過程中具有不同的目的，不同的繪圖手法與方式也標註著不同的功用。在下筆之前，要先設定此張圖稿的功能，像是想要表達的東西，要與什麼樣的人溝通等等，這些考量將能幫助我們決定要用什麼樣的繪圖方法來達成此次的設計目標。以速寫草稿為例，它大多是用來捕捉一些心中的想法與構思，或是腦中一些抽象發想的呈現。草稿階段是任何設計不可缺少的基礎過程，所以繪圖能力怎能說是無關緊要的呢？(關於草稿，30-31頁有更詳盡的描述)

如果想要更明確地向他人表達、解釋自己的創作時，精確描繪的設計稿是不可缺少的。舉例來說，設計師受客戶的委託設計珠寶，在其開始製作前，雙方一定會決議出最後的設計定稿。這時，一張完整且精準的設計圖就是必要的。

尺寸正確的圖

製作出尺寸正確的設計稿，為的就是讓其他人對我們的創作有一個精準的概念。由正確比例與尺寸所構成的圖，就如同一種通用的語言，它可以幫助不同的人來詳細了解我們的作品。在這樣的稿子中，一件作品便最好能呈現出它從各個不同角度觀賞的樣子，這樣一來，才可以確切得知各種設計細節在不同角度的關聯，即各細節互相牽引著而產生的變化，也可預估這項設計得以實際製造的可行性。尤其是設計師必須交由珠寶師傅製作時，正確的製作流程表將是重要且不可缺少的。若尺寸錯誤，或是設計師未在圖上仔細標明出自己的要求，都很容易會讓師傅製作出與原設計有所出入的成品來。要記住，我們自己認為理所當然的事，在別人眼中未必也是理所當然。要避免錯誤的最好方法就是，將自己的需求在圖面上盡可能地標示出來。

人物寫生

珠寶要等到佩帶在人身上，才算是真正的完成。因此，練習人物的寫生是必要的。透過這類的寫生，設計師可以更充分地了解到人體比例、姿態和每個人身上的不同。人體寫生將會培養出設計師極準確的判斷能力，並可幫助他設計出與佩帶者身體完美貼合的作品。

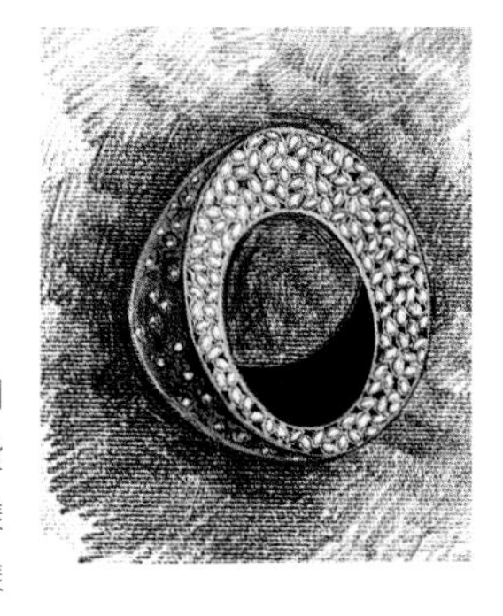

上圖：極富藝術感的最後定稿，多半是用來吸引人們的目光，進而促成售出這款設計。這類圖稿並不需要標示出作品的每一個角度。（作者：陳國珍／台灣）

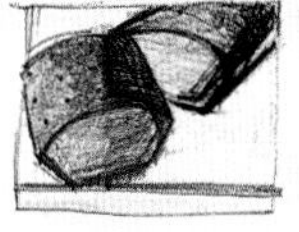
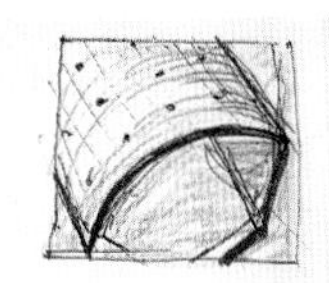

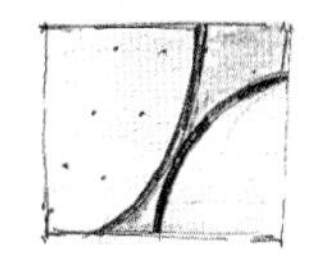

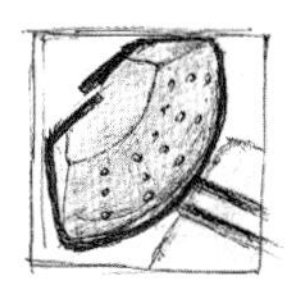

右上圖：圖解可以用來幫助拍照前的構圖。它還可以當成一種紀錄或指示，讓其他人可以按照你的想法製作或拍照。

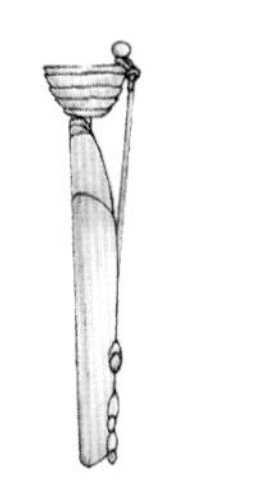
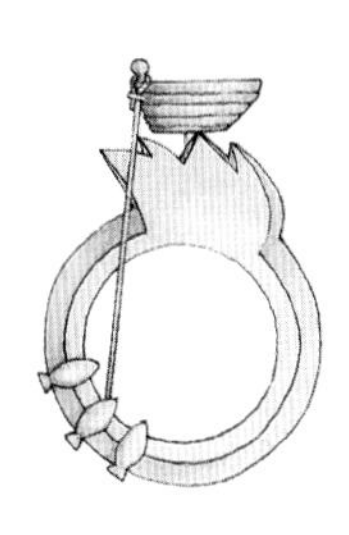
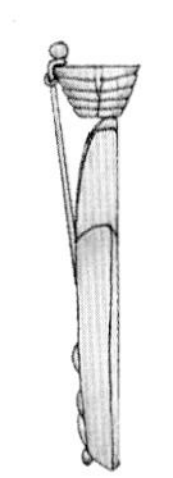

右中圖：尺寸正確的三視圖有助於了解這件作品各個角度的樣貌。

下和右下圖：人物寫生可以包含各種不同風格的繪圖方式。它可以是非常寫實的素描，如下圖的手部寫生。或者是如右下圖的半抽象彩色人物寫生。

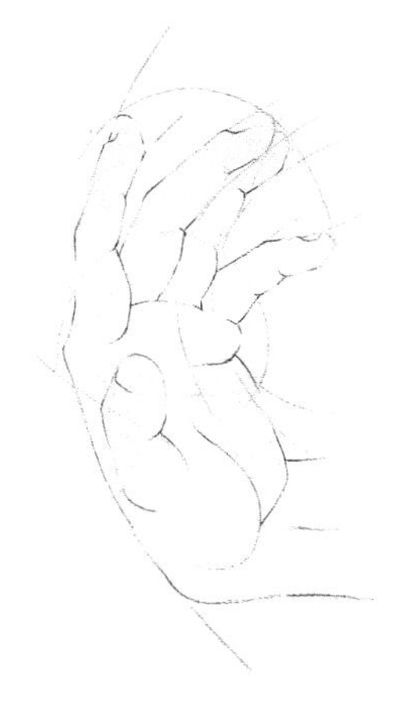

素描本

完整地記錄整個設計過程是必要的。一位設計師的素描本有如他創作的心路歷程，包括創作靈感，發想過程，與構思的探索和「進化」。

實用性的考量

因為素描本將是屬於設計作品的一項非常重要的幕後紀錄，所以建議選擇一本耐用、經得起時間「磨練」的本子來作為素描本。最好是擁有好紙質且具有堅固封面與封底的本子。螺旋式裝訂的本子較容易損壞，紙張也容易散落。而一般撕取式的素描本則太容易解體，紙張容易顯得雜亂。

素描本的尺寸則完全由個人決定。有些人覺得大尺寸的本子外型十分笨重，不易攜帶；也有些人覺得太小的本子使繪圖顯得侷促。不過在此建議喜歡大尺寸素描本的人，再多添一本小冊子來記錄隨時可能出現的靈感；因為你永遠無法預測創意何時會靈光乍現。

上圖：花朵是這款設計的靈感。設計師擷取了花朵不同的姿態作為創作的基調，為素描本留下了美麗的構圖畫面。

下圖：這本簿子用來記載視覺感受，也包括了一些創作構想。各種食物的圖片不但抓住人們的目光，也令人垂涎三尺。

右圖：有許多人覺得隨意的塗鴉可以紓解壓力。喜愛繪圖的人可隨心所欲地用素描本抒發當下的想法，同時也可製造出令人讚嘆的視覺畫面。

不同的需求

對許多人來說，素描本不但記錄了創作過程，也一併記錄了所謂「視覺和技法的筆記」(見14~17頁)。擁有好幾本不同主題的筆記本，不見得方便每一個人，但如果是在一個有計畫組織的學習過程中(例如學校不同的課程)，區別各種類型的筆記，將可幫助你釐清對各領域的了解。

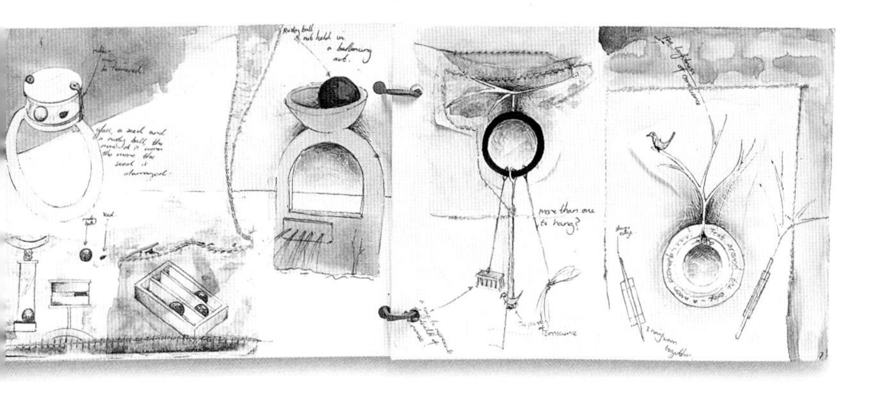

上圖：一個戒指的創作過程。各種形狀和造型都經過反覆思考，賦予戒指更深的涵義。

具建設性與愉悅性

資深的設計師們利用素描本來記錄創作過程中各個階段的進展。當陸續用巧思，文字和各種影像填滿素描本時，記得要標示出創作重點。而且在每一頁中，儘量用各種方法突顯最重要的意念，不管是劃線、用不同的顏色標記或加框。這樣一來，在未來需要重新回頭檢視原本的想法時，才不會摸不著頭緒而失去記錄的意義。

越詳細的紀錄越能激發精采且特別的想法。但是要小心，有時候越想把素描簿中每頁都變成一件藝術品時，反而會模糊焦點而失去信手塗鴉和發想的樂趣。其實應該把素描本當作既實用，又美麗的創作工具。當真正了解素描本所帶來的樂趣時，它自然就會成為頁頁美麗的傑作了。

左圖：由靈感影像衍生的一些顏色和圖形。

下圖：一頁具有東方風格的剪貼，導源於設計師的創作概念。這些圖片可以刺激設計師對相關主題的思考，成為創作的過程。

左圖：有時花長一點的時間進行物體細部的描寫，可以讓我們對物體的造型有更深入的感受。如同在這張圖中，細緻地描繪與捕捉了這株植物的精細和美麗之處。

視覺筆記

所謂的視覺筆記就是設計師們將自身周遭有趣、又可激發思考的物件集合起來而成的一種紀錄。這個紀錄可透露出設計師的個人風格和喜好。而整個記錄過程也會幫助設計師對周遭的視覺感官世界，做條理化的分析。我們也可以將它視為一個用來分析、組織、規劃和評判的工具。

個人風格

有創造力的設計師應該擁有不斷將周圍的人事物和新體驗加入，變成個人設計風格的能力。一個具規劃、整合性質的視覺筆記便可以將這些不斷出現新事物有條理的記錄下來。在收集各種資料的過程中，盡可能敞開心胸，嘗試去思考每一樣事物可能帶給自己的各種想法。另外，也必須去了解這些資源將能為創作提供什麼幫助，當然這些資源還得經過的取捨，才能成為設計元素。

在陸續把各種可激發創造思考的資料收集完成時，還要不斷分析這些資料對自己的意義(見26-29頁「靈感」)。設計，是利用對周圍環境的認知來分析靈感。一旦提升了對週遭環境的敏感度和評判能力，便可發展出一套具個人風格的設計精神。

上圖：這是一張擁有多層次的視覺筆記。精緻的樹枝與葉子被小心翼翼地縫在圖面上，並在周圍加上了一些圖畫和水彩。

右圖：這張視覺筆記以百摺頁的形式呈現。可以一頁頁地翻閱，或者是整篇拉開成為單張的長頁。

下圖：視覺筆記並不一定要做成書本的形式。如同這類筆記是將多個相同的物件貼在紙卡上，然後將紙卡吊在特製的展示架上。

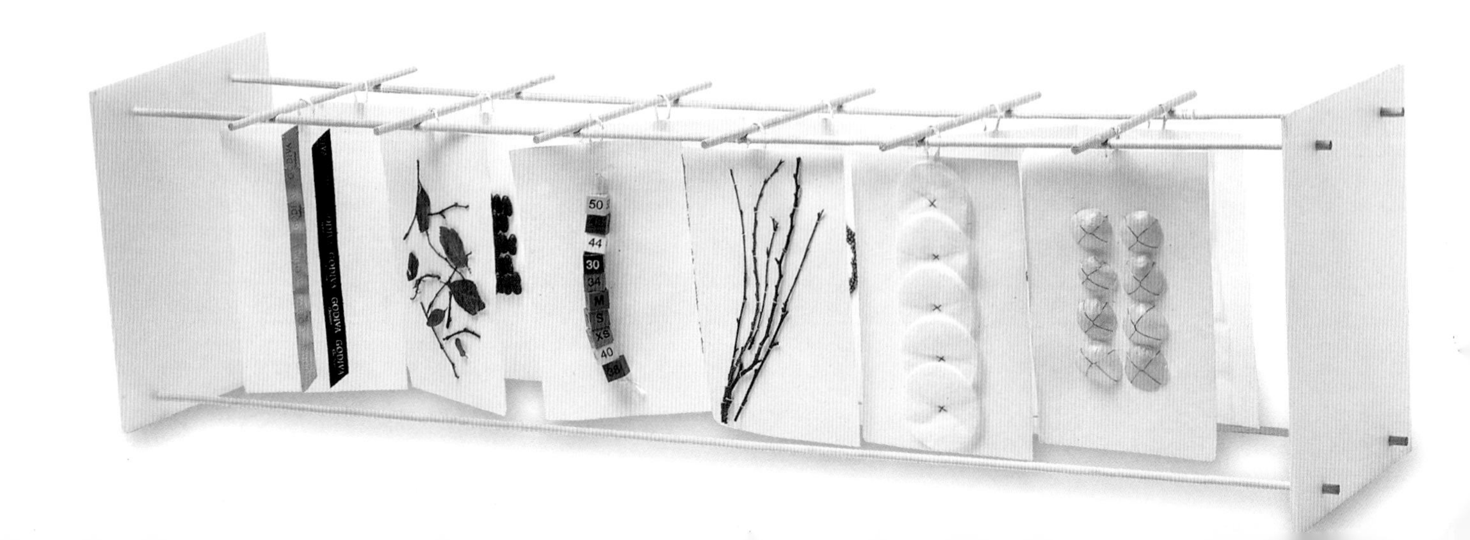

內容與用途

我們有可能把屬於視覺類與其他種類的靈感來源，全部收集在素描本當中，但是視覺筆記是扮演一個較為不同的角色。在剛開始收集到這些東西時，它並不一定會與某個特定的，或即將著手設計的主題相關。它純粹只是一些讓我們覺得有趣，想要進一步探究的方向。無論這個視覺筆記是用什麼方式來呈現，設計師都應該讓它以視覺感官為出發點，忠實地反映自己周遭所發生的事件或對某些現象的看法。這些紀錄絕對會幫助設計師本身在創作時，有更深入且寬廣的思維，所以視覺筆記必是優秀作品的幕後一大功臣。

找到一種適合自己的紀錄方式是很重要的。一份符合自己思考和工作模式的視覺筆記將會讓我們可以輕易地找到需要的資料，並且也較容易保存它們。這份紀錄應該著重於如何擴大收錄和探索一切和視覺和設計有關的事物。其中須特別多蒐集一些物體的型態、紋理、空間、線條、作用、質感、材料等相關研究，好加強對這些知識的掌握能力。再者，紀錄形式也可以是手繪稿、圖表、草圖、實物、照片、文章或任何可以刺激創作思考的各種組合物件。

上圖：各種圖畫和照片的剪貼。用來顯示未來可供設計參考之用的重要影像。

右上圖：一張視覺筆記。普通的羽毛在此變成這幅構圖最有趣的一部分。

右圖：各種帶著敬意收集而來的小物件被放置在特別製造的盒子中。

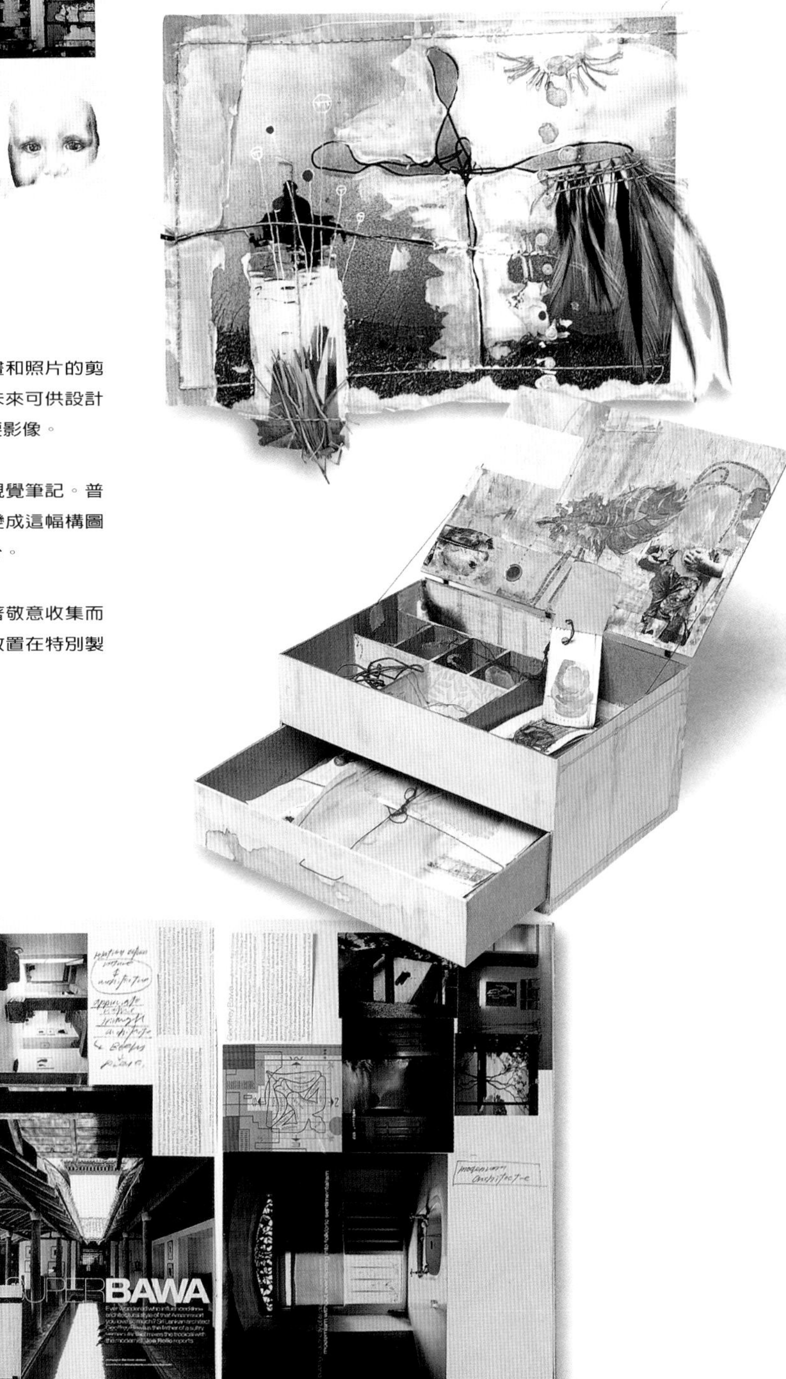

右圖：在這張視覺筆記中收集了各種不同感覺的建築和室內空間。

技法筆記

技法筆記是用來記錄任何與製作相關的實驗、過程或是最終成品。它著重於製作步驟的紀錄，且能幫助整個設計過程得以圓滿完成。

實用的參考資料

如同素描本，技法筆記也有它特定目的；它的功用在於記錄製作技術層面的探究與從中所學習到的事項。技法筆記可以結合之前提過的草稿素描本，但是若能各自獨立分開紀錄的話，會更具實用性。

至於要如何紀錄，將視個人喜好而定，但也與自身對技法的熟習程度和製作方式有關。對正在接受學校教育的初學者而言，課堂筆記非常重要。除此之外，也要適時加入任何自己覺得需要特別注意的重點。

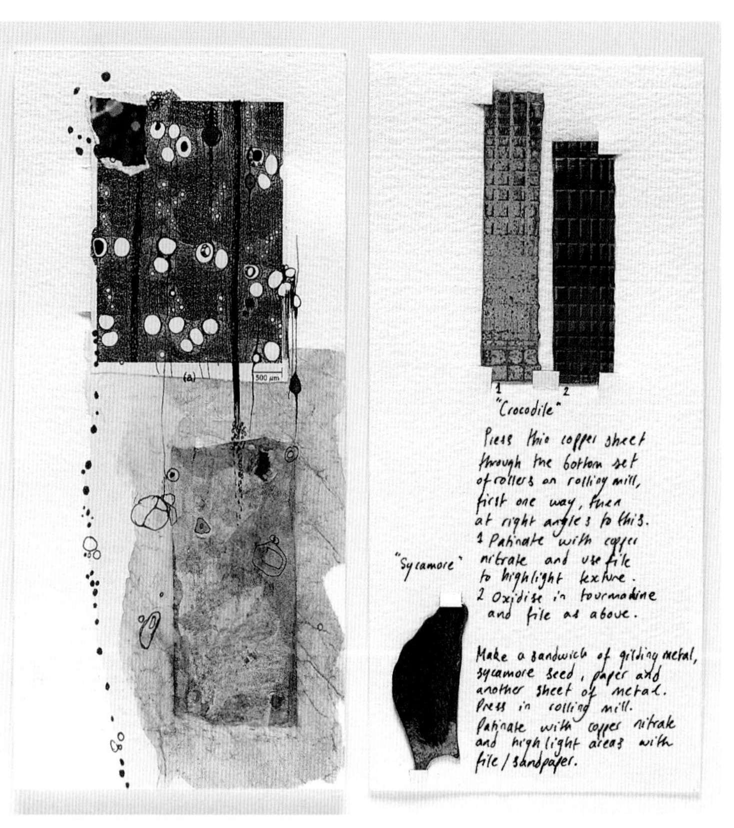

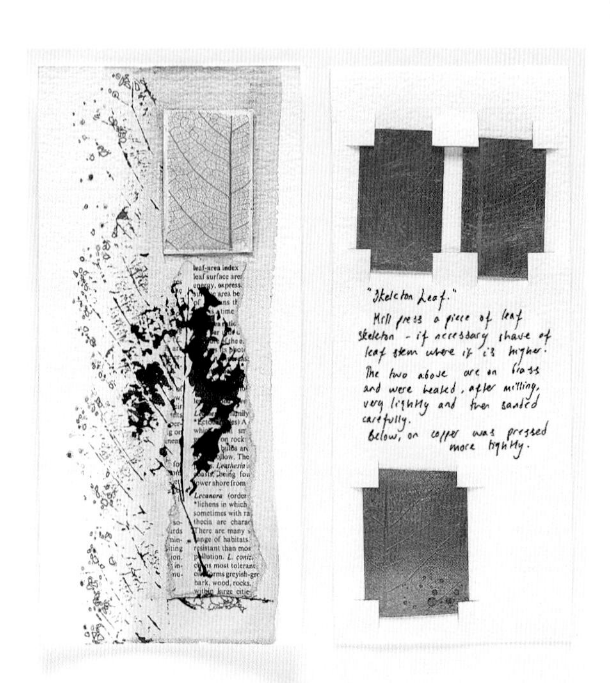

左圖：利用壓片機製造出特殊效果的黃銅與紅銅片是筆記的一部分；並在旁邊寫下製作說明。

上圖：這兩頁針對不同的表面花紋作出探討。右邊這頁將銅片表面做出如鱷魚皮般的效果。

下圖：這份筆記記錄了複雜的琺瑯技法，也一併附上當初所試做的實驗作品。

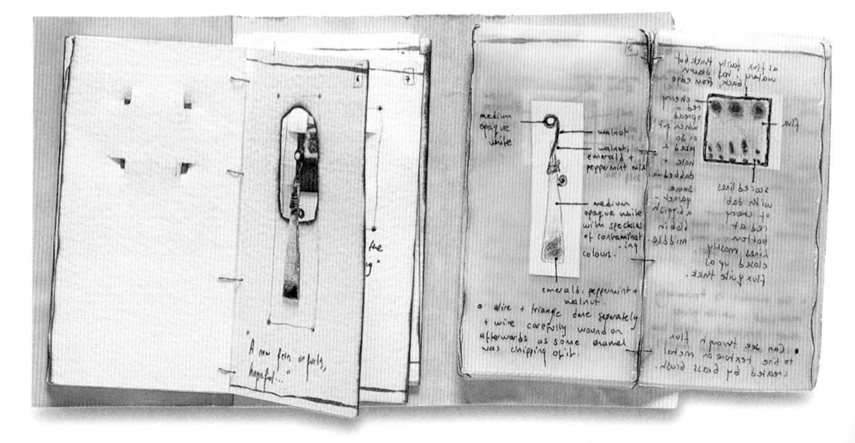

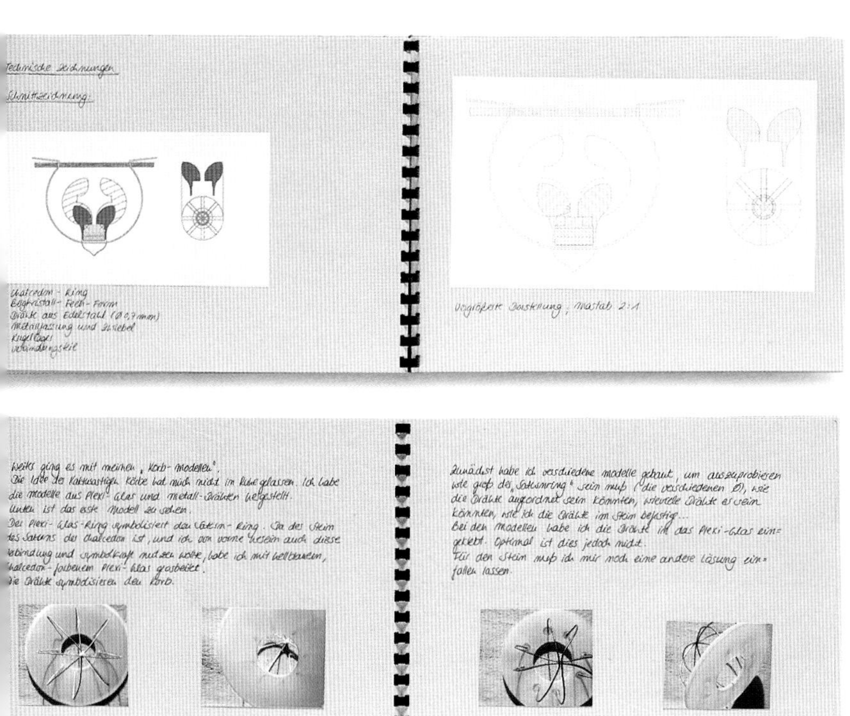

在學習新技法時，可能會發現自己的筆記比課本上的敘述來得清楚明白，因為這些筆記是依照個人的思考模式撰寫的。在製作過程中，遇到任何問題時也請記得記錄下來，並且附上解決方案。這樣一來，未來若遇到類似的製作過程，便可以避開之前已發生過的問題。

若將技法筆記視為設計時的必備工具，只要是在工作桌前埋首設計，就將製作過程全數記錄下來，維持這樣的筆記習慣並不困難。珠寶設計與製作是一個複雜的任務，在設計時將製作方式考慮進去是非常重要的。而技法筆記絕對能幫助設計師排定正確的製作程序。

一本處方箋

在正式製作前，設計師也必須先將所有技術上的需求先擬出計畫；例如一一列出所需的特殊材質、相關技法的資料、實驗的樣本與結果來。任何在安全上可能出現的問題也要先寫出來，好預防各種意外的發生。一位有豐富經驗的創作者，絕對會經常將一切製作過程中所遇到的變數和問題記錄下來，這樣才有助於日後重新製作或改良作品。技法筆記是製作材料表列出的最佳之處，你可以將這次創作所需的貴重金屬數量和價錢條列出來。任何有關製作流程的細節也要在此作成完整資料。

之前談到的紀錄項目是非常具有價值的。對於日後發展的新設計或需要重新製作某件作品時，那些先前的資料即成為所謂的「處方箋」，使這次製作設計的過程更順手。在製作過程中常常會遇到製作流程中錯誤、疏漏或遺忘某些細節的問題，但如果有一本資料齊全的技法筆記，那些問題將不會再發生。

上圖：在這個完整的製作紀錄當中，包括了實際製作流程、照片和詳盡的筆記。

右圖：在開始製作前，作品的尺寸都應在技法筆記中在技法筆記中詳細列出，以便在樣紙裁剪前確認比例的精準度 。

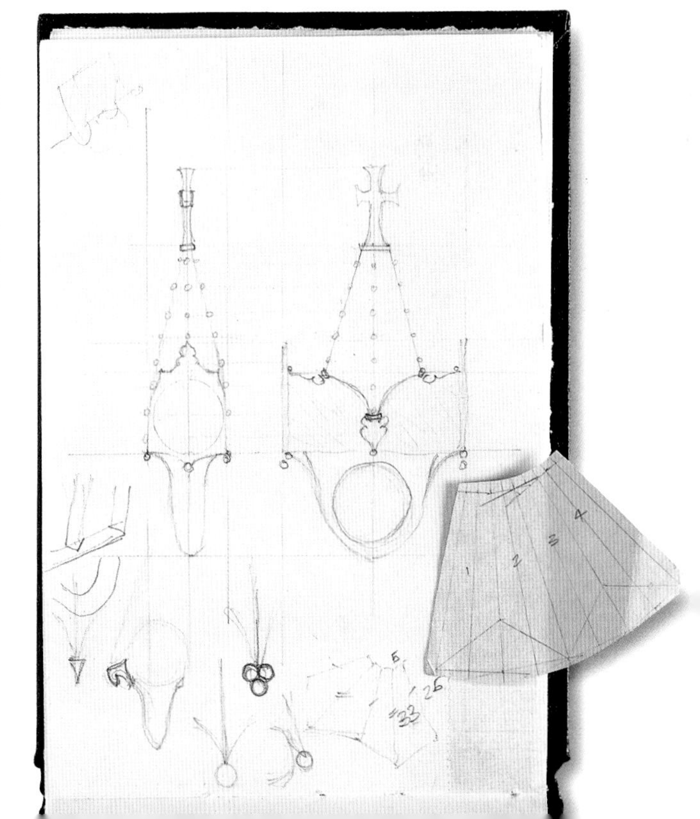

製作技法

珠寶製作技法是一門專業的學問。要熟習這些技法，唯有透過特別訓練和持續練習。不管是正式製作前的實驗品或最終的創作成果，技法的熟悉度是不可忽視的。

必要的知識

嚴格來說，製作技法並不是珠寶設計的必要元素。但是設計師一旦了解製作過程與材料，將大大提升作品的準確度；而且這些知識對整個設計過程極有幫助。

雖然設計師並不一定就是最後製作珠寶的人，但設計師若能先製作出一些模型或測試樣本，對整個過程和最後成品將有極大助益。不需要立志成為一位全能的珠寶師傅。畢竟珠寶製作過程有太多不同的技法和領域，實在不太可能每樣都非常專精，因為每一種技法都要投入許多時間來練習。不過，對於這些技法也必須要有一定程度的瞭解，因為這樣可以熟知每一種材料的特性和不同技法所帶來的效果，如此運用的巧思就更能徹底展現。

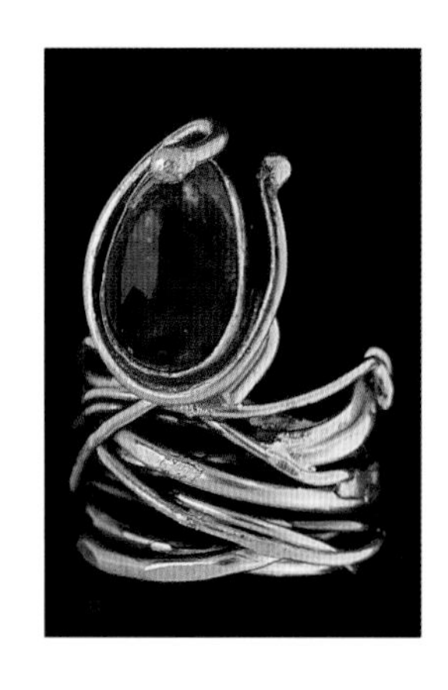

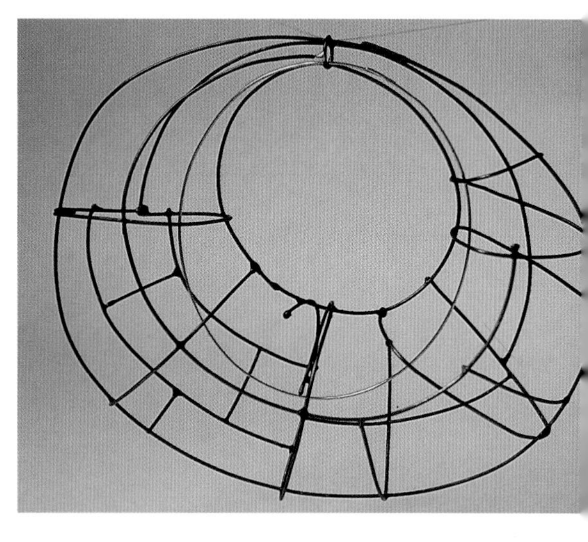

左圖：這個造型特別的銀戒運用了傳統寶石鑲嵌技法。

上圖：在正式製作前先雕塑一個原創模型，可使設計師了解成品的外型、尺寸和美感。

下圖：各種運用傳統製作技法製作的銀製樣品，用來研究不同技法所形成的特殊效果。

有一些基本技法倒是值得花些時間學習，例如珠寶線鋸和銼刀的使用、金屬塑形、焊接和拋光。這些基本的技法將使在製作簡單的模型或鑄造開模前的原件時，變得更加容易。學習這些技法不需要太多工具，只要有一個小空間和幾本好的工具書，就可以自行在家練習。坊間也有一些教授珠寶製作技法的課程可供參加。

獨特風格

熟習一些製作技法將使你在設計的各個過程中佔盡優勢，同時也是建立個人獨特風格的方法。所謂獨特的個人化風格就是讓觀賞者很容易辨識出你的作品，這是每個設計師都要努力的一點。

當設計師擁有製作作品的能力時，便可以把自身的作品設計層次提升到一個獨特的境地。換句話說，若作品由設計師自行製作，比較容易推展出與眾不同的創作，因為他可以不受束縛地靈活運用傳統技法，再加入創新的意念。有許多成功的珠寶設計師就是發展出個人化的獨特技法，而在這個領域佔有一席之地。

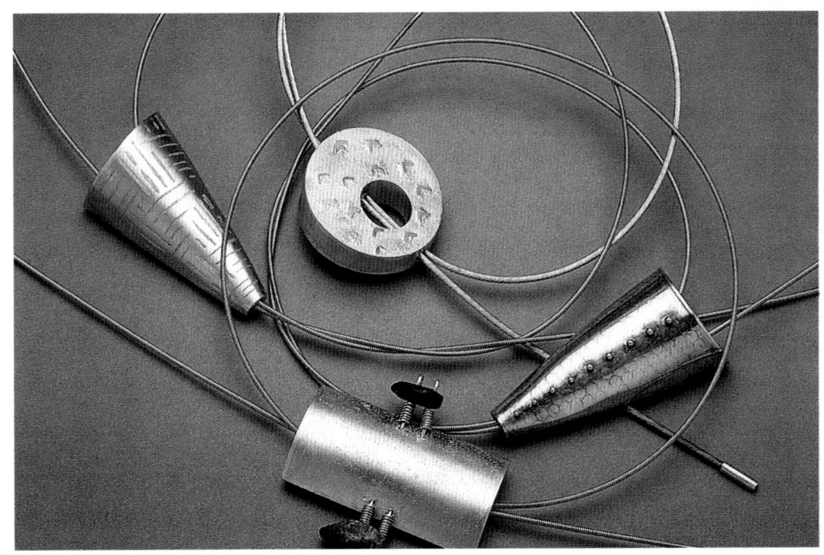

專業分工

許多人都誤認為一位珠寶師傅會親自從頭到尾將完成一件作品，事實上這並不太可能。在珠寶製作的過程中，包含了許多極為專門的領域，例如寶石鑲嵌和琺瑯的製作。如果想要要求最高的品質，雇用專門的師傅絕對是必須的。

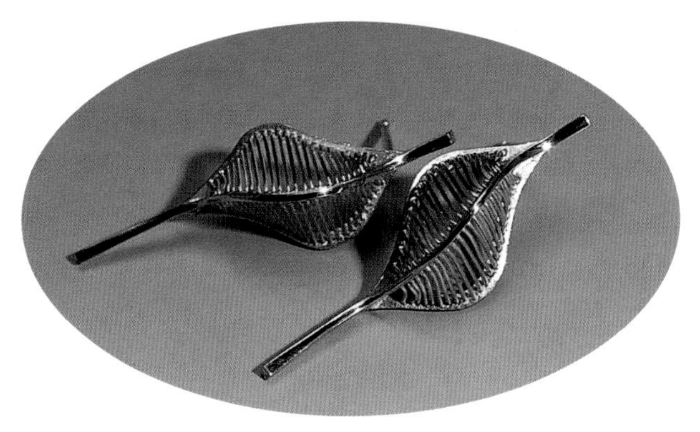

上圖：了解各種製作技法對設計有極大助益，更別提要製作這些令人賞心悅目的多媒材頸部裝飾的時候了。

右圖：製作這對18K金的耳環需要純熟的技術，否則在製造過程中發生錯誤，代價是很可觀的。

左圖：傳統的珠寶製造技術如銼磨和雕刻，都被運用在這些研究造型、顏色和紋路的壓克力樣品上。

就算是個製作技巧熟練的工作者，也不太可能完全不假他人之手而完成的每一件創作。若遇上一些專門領域，例如寶石鑲嵌、琺瑯、鑄造、車床操作和金屬雕花時，也必須仰賴一些專業的師傅。在依靠其他專業師傅的同時，與他們維持良好的合作關係是很重要的。一位跟自己的理念契合，而且可以將設計詮釋得無懈可擊的師傅，確實是得來不易的。因為多數時候，師傅並不一定和我們存有同樣的想法。(見44-45頁「設計成品的製作」)

設計的各個階段

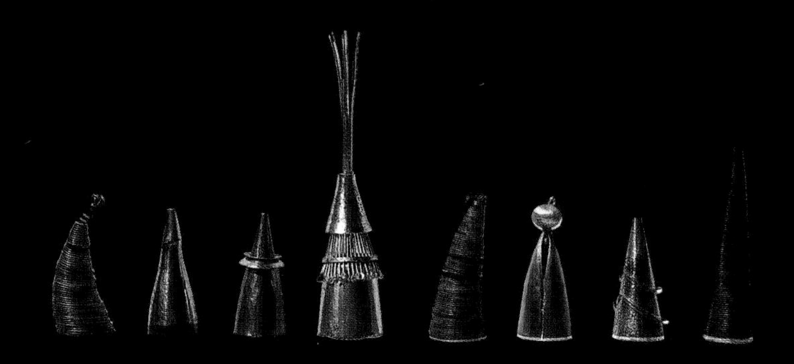

要做好設計，絕對需要付出許多時間和心血，別想只靠才華一步登天。如同開車一樣，操作的原理聽起來簡單，但實際上路之後，才會知道並不是如想像中那麼容易。它需要我們不斷地練習以精通於各個階段不同的技巧，像是尋找靈感，揉合概念，腦力激盪，素描，尋找資料和樣品製作等等。如果沒有能力將這所有過程做一個有效且正確的連結，錯誤和不合適的決策將讓整個設計失去平衡，進而徹底失敗。

如同日常生活中的許多事情，在設計各個階段所包含的技術，不管是將它們各自獨立分開來作練習，或是將它們看作一連串的過程來練習，只要肯花心思和時間，一定能更得心應手。當設計越來越富美感與深度時，自然會培養出對珠寶設計的自信與熱情。

設計的發展

了解設計發展的結構是一件成功設計的基礎。如果沒有能力去發揮構想，結果將只會讓靈感停留在初步階段，而且是不完整的，因為它只是出於本能，而非是經過深思熟慮的具體決定。

歸納問題

設計的發展是關於了解問題所在，和找出解決的方法，然後試著串聯這些問題的解決方案及讓其合理化。

在構想發展之初，第一步便是必須歸納出所有亟待解答的問題。問題之一可能是：「我希望設計作品呈現何種外觀？」要回答這個問題，就必須仔細思考外型與設計概念的關聯性。如果希望呈現出的是種具侵略性的風格，三角形會比圓形更適合。但若堅持非要使用圓形不可，就必須更深入探索圓形的各種可能性。圓形可以是具侵略性的嗎？如果可以，該以何種面貌呈現？有些人會想到圓形的手銬或枷鎖，不過或許這又製造了另一個問題：「有沒有其他代表束縛的事物是以圓形呈現的？」

左下圖：這個以概念為主的設計探討了不同的可能，因此提出的設計方案與概念相輔相成而且形成一股凝聚力。

上圖：實驗作品的製作是設計發展中的一個過程。各種形狀、外觀、顏色、表面紋理、材料和製作方式，在這個階段被一一測試。

右下圖：下圖展示了幾款奇特造型的戒指設計。它清楚顯示出橫向的思考模式，同時也是設計發展的過程中的樂趣之一。

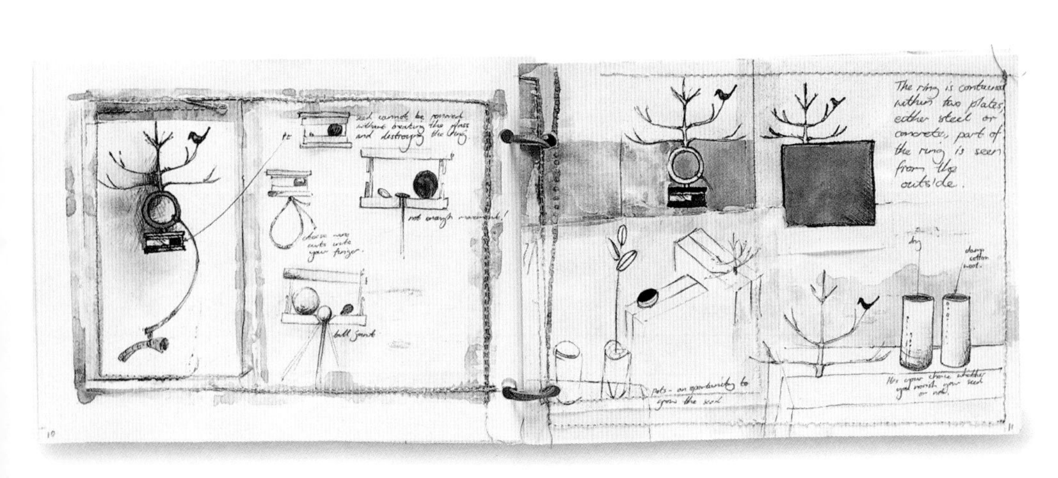

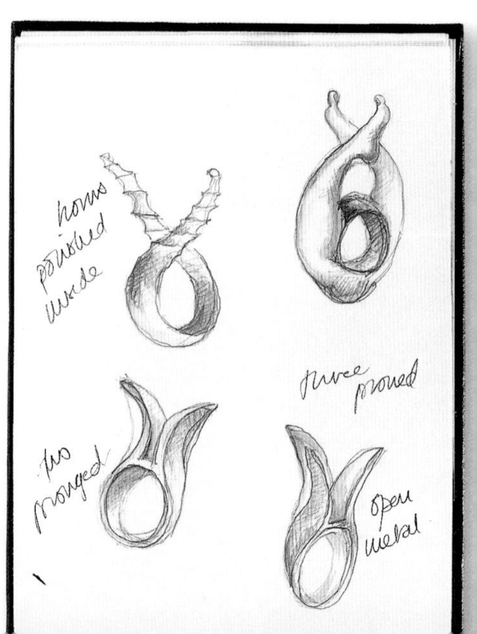

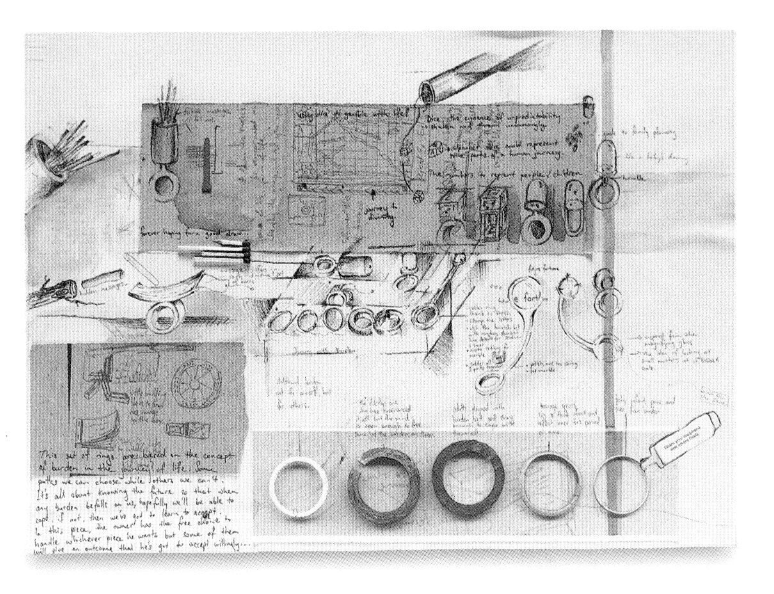

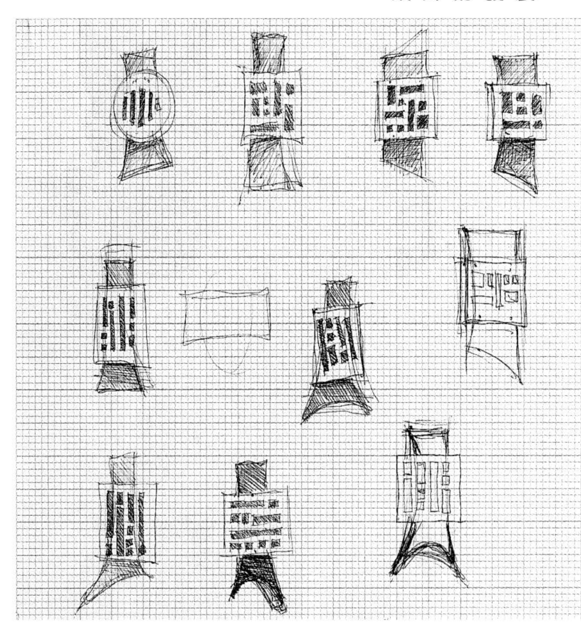

如果能多方考量所有與主題相關的疑慮，將會得到一個具有科學資料根據的結論。而這個結論將會與設計概念更加貼近。

「為什麼?」是一個常被提出的問題，被詢問者也常常會給一個不很具體且含糊不清的回答。舉例來說，當被問及為什麼會選擇這個顏色時，你很有可能會回答說「因為喜歡這顏色」。但是再進一步詢問為什麼喜歡它時，就得好好去思考背後的原因了。當多花點時間去思考設計動機和檢視其他不同的選擇時，將會讓自己做出一個更富意義與理論根據的決策。

上圖：一些對作品極為深入探討的素描、筆記和實驗樣品，用於尋找出某系列戒指最適合的象徵圖案與外型。

右上圖：這些虛與實的圖案是為一個包含金屬與皮革的作品來作發想。這些畫在方眼紙上的草圖能更方便設計師把圖形與尺寸一起作為考量。

左圖：設計師把這些十字圖形加以變化，並塗上一層水彩來區分未來將使用的材質。這樣子便很容易想像日後實品所呈現出來的樣子。

橫向思考

橫向思考是一種跨越具體形象的觀察，正是直向（即直覺式）思考的相反。它引導我們以間接的方式找出獨創且令人振奮的解決方案，但同時也清楚地保持與主題的關聯性。設計的過程中，常需要使用橫向的思考方式，但這種思考方式對多數人來講不是很容易。直向的思考常常是設計程序無法開始或持續進行的原因。這兩種思考方式通常可以藉由不斷的練習而更得心應手。

在擬定概念時，第一個念頭通常與字義上相符合且容易被看透。例如制定了「魚」這個主題，一些色彩斑斕的熱帶魚影像便會立刻出現在腦海中。一個以魚作為外型的設計就是直向思考的結果；因此成品通常並不那麼令人驚艷。但如果是以橫向思考進行設計，可能會採用截取魚鱗光澤的方式為設計基調。不論是抽象還是具象，如果只使用魚的某一部分來做外型，也許會製造出一系列的琺瑯別針，這就遠比當初以直向思考得來的結果有趣多了。

元素考量

為了要有系統地整合各個階段，在設計之初就必須清楚地列出所有重要的設計元素。這些重要的元素 (請參考下頁的「設計要素一覽表」)包含：形狀、結構、紋路與表面質感、顏色、五種感官、情感、功能性、材質與製作過程。而這些要點將是以促成設計完成為終極目的。先將這些要素一一「拆解」，把每種元素中必要的物件分門別類列出。最後就是思考如何讓這些不同的物件完美地融合在一起。但如果先作一個全面性的考量，就不會遺漏掉任何一個對設計和最後成品具重大意義的細節。

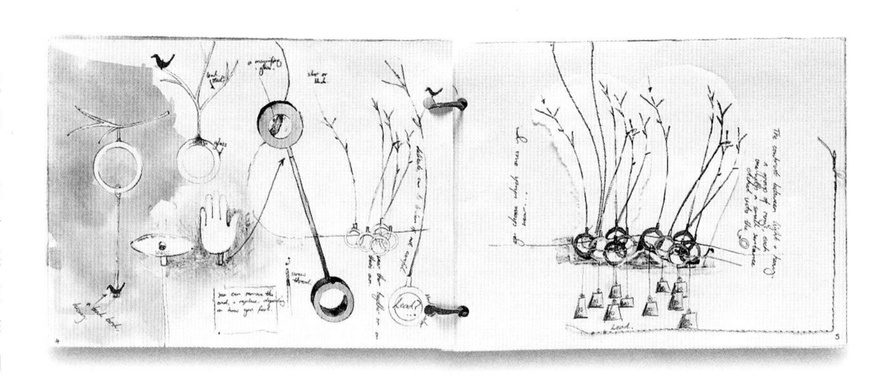

上圖：不管是文字還是圖像，請把素描本看作是老師用來授課的黑板一般，有完整地記錄創作時各種不同的思緒與想法，好傳遞給其他人們。

下圖：思考不同的材質所帶來的視覺感受，然後找出最能夠正確凸顯設計構想的那一種。

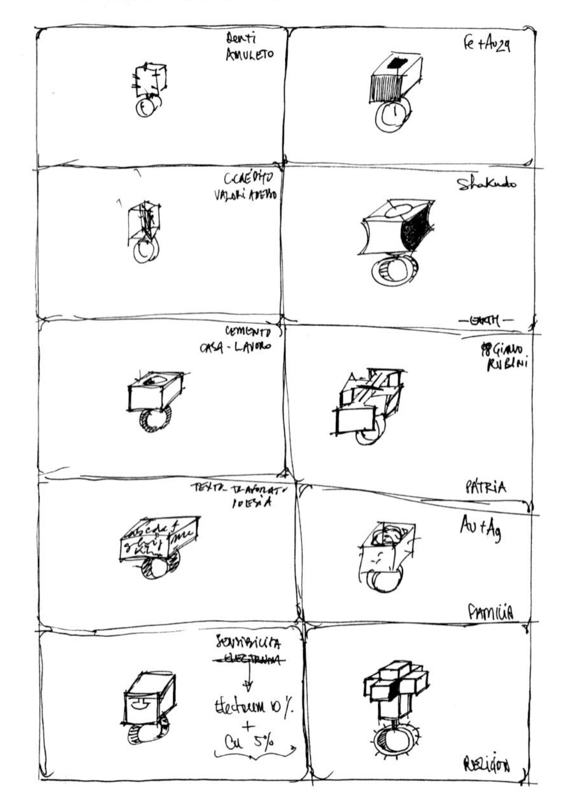

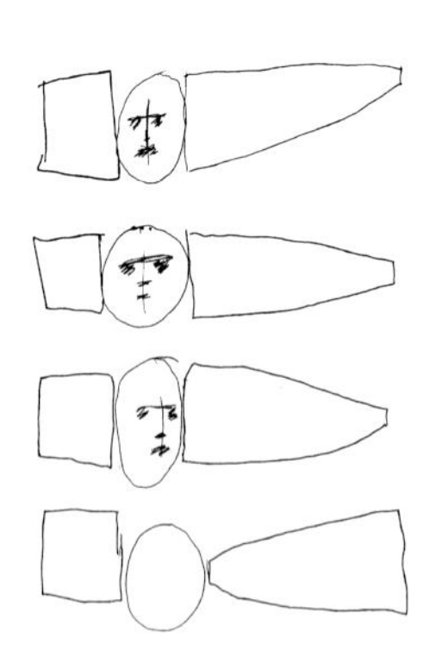

上圖：這些速寫，是在探討若形狀和結構上出現細微的不同，將會引發人們迥異的感動。

右圖：一張略微仔細的圖稿，展示出一個胸針的幕後設計發展與選擇材質的過程。

運用設計發展

如果要一次結合所有物件，設計的發展過程將可能讓人感到力不從心。要解決這個問題，就必須把其中的物件「獨立」出來，思考這些東西的本質，萃取出其中適合這次設計使用的特點。然後反覆不斷地重複這個動作，融合所得的結果，直到設計中的每一個元素和狀況都思考過為止。

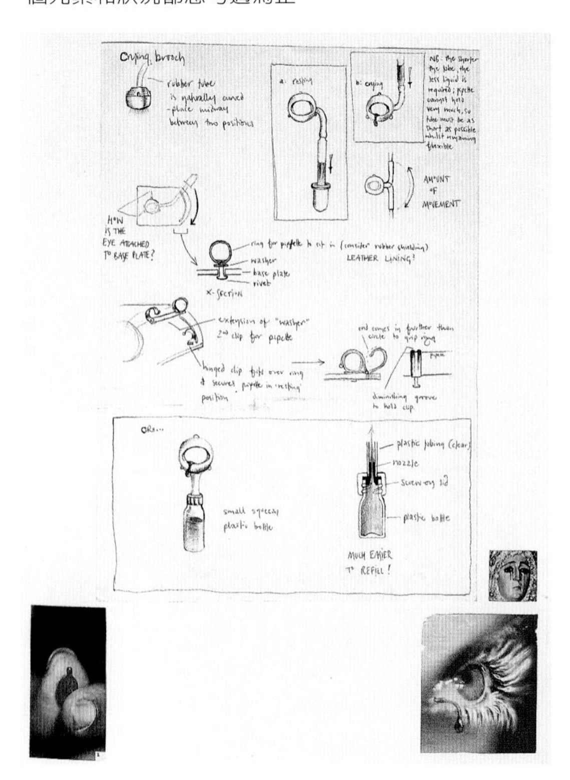

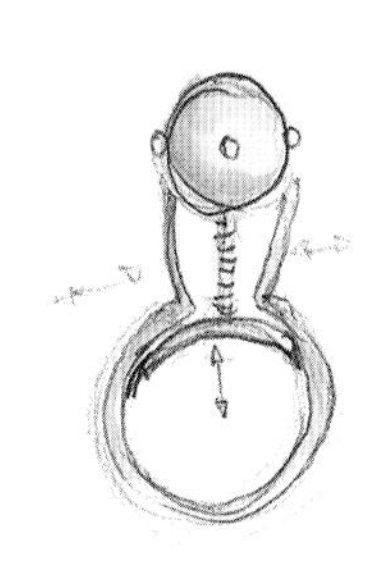

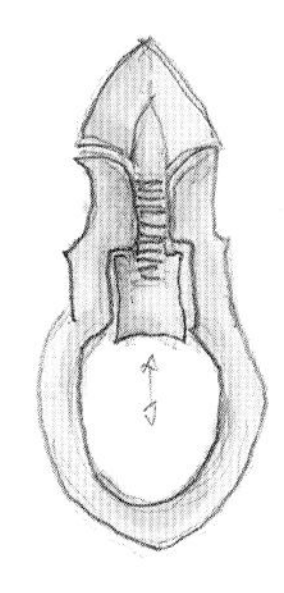

上圖：一個戒指在修改細節時，也許會冒出一些新想法，也許當時不會著手實現這個新點子，但可作為未來的參考。

在思考的過程中，或許會遇到一些嶄新的想法。這些想法將會帶來不同的方向，可從中找出適合的設計材質。一旦出現了數個選擇之後，接下來就是要找出這些不同材質與設計構想的關聯性。並看它符不符合之前列舉出的設計大綱。也就是說，並非每一種列舉出的材質都是合適的。留下適合這次作品的材質，也別忘了把不適合的記錄下來，留待往後備用。

設計的發展過程應像是一次「發現之旅」。在不斷探索中，應該不時暫停，不管是使用文字還是圖案，如同寫日記般記錄下一些突發奇想或有趣的事情。

在這趟「發現之旅」中，必須了解自己並不是一位普通遊客，而是帶頭的領隊。且是那位決定路線和訂定旅程目標的人。就像是世界上不會有兩個人或是兩件作品會完全一模一樣，並沒有一條制式的路線讓每一個人去依循。

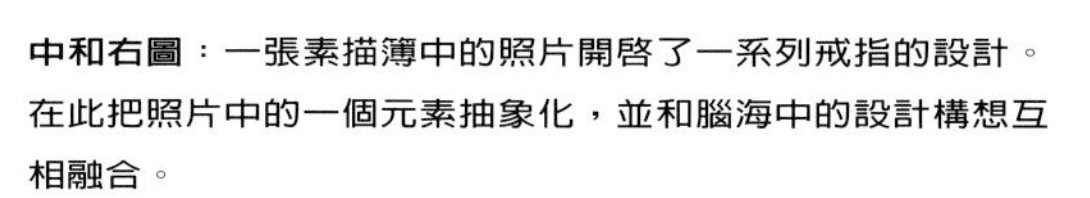

中和右圖：一張素描簿中的照片開啓了一系列戒指的設計。在此把照片中的一個元素抽象化，並和腦海中的設計構想互相融合。

設計要素一覽表

以下所列出的各點，是設計發展的過程中要加以思考的問題。因為每個設計都有其獨特的構想，也許其中的幾個元素的比重會大於其他；但如果任何一個元素被排除在外，你的設計將不會展現它最大的潛力。每個元素都必須與設計摘要和概念作交叉比對，以確定最終決策是最合宜的。

- **形狀**：是否符合設計摘要？大小尺寸在視覺上是否達到平衡與美感？
- **結構**：是否已從各個角度觀察此結構？它是否過於平板而顯得立體感不足？
- **紋路與表面質感**：成品的表面應該有什麼樣的紋路或質感？
- **顏色**：這件作品需不需要顏色？如果需要，這個顏色所要表達的意義是什麼？
- **五種感官**：如何表達這些感觸？
- **情感**：希望這件作品帶來怎樣的衝擊與影響？
- **功能性**：它是否實用、可佩帶的，或達到應有的功能？
- **材質**：所選擇的材質是否符合所要表達的感受？
- **製作過程**：這款設計是否可實際製作?適合用何種方法來製作？製作的方式能否與設計相互輝映？

*

另外兩個實際會影響整個設計過程與發展的問題是:

- **時間**：有多少時間來完成？
- **預算**：作品的預算是多少？

靈感

靈感可從生活周遭的各種人、事、物，包括不同場所的人們、各類物品的外觀，甚至是事件的流程、技法或是食物的味道等等中去求得，沒有既定的法則，全看你如何尋找。靈感其實就是任何可刺激我們的感官神經，進而激發出回應的東西。

尋找和了解靈感

對事情理所當然的態度常使人與靈感「失之交臂」。我們對許多事情的反應常常是下意識的，並不會去思考和分析事情的原因和過程。若要真正了解這件事情為何會產生這樣的靈感，必須以旁觀角度省察自己的主觀意識和反應之間的關聯。必須了解自己所面臨的狀況，然後問自己為何某個部分使你那樣感觸良多。

對設計師來講，靈感不過是個開端而已，下一步就是要了解這個靈感的本質。如果不搞清楚原由，這個靈感便不能正確地使用在設計概念上。因此，建議務必尋出靈感所代表的深層意涵。

上和左圖：設計師可以在這些照片中看見令人意想不到的美麗之處。由這些照片產生的靈感在設計過程中被抽象化，進而完成了這個胸針。

左圖：辣椒的辣味被視為這些作品的概念。因此作品看似有一層保護膜以防止我們受到辣味的刺激。

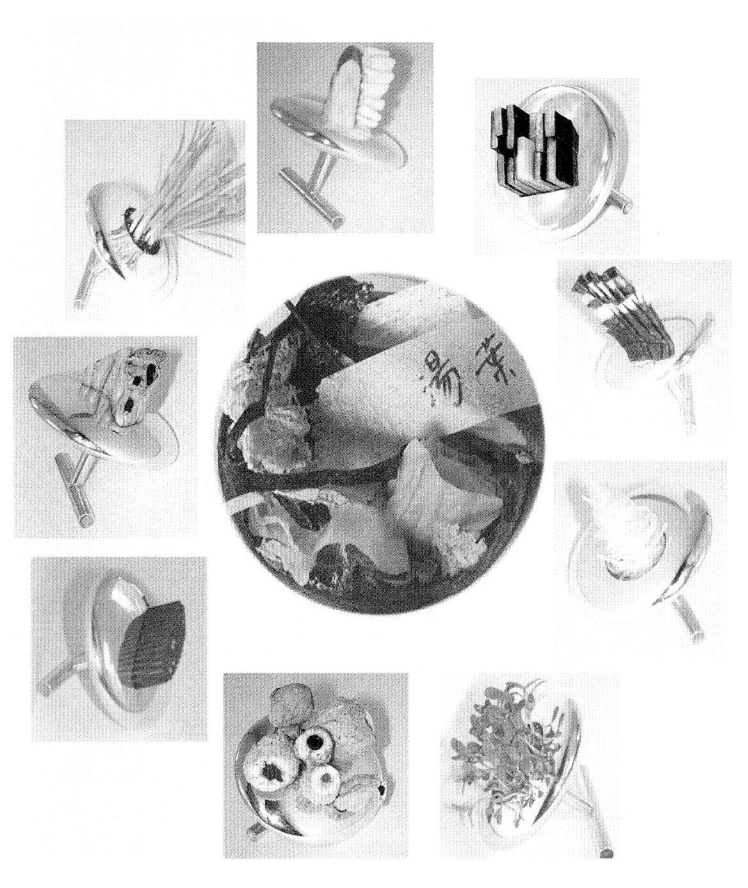

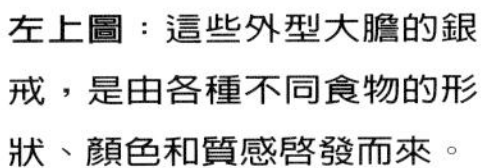

左上圖：這些外型大膽的銀戒，是由各種不同食物的形狀、顏色和質感啓發而來。

右上圖：這些乾燥食物為左邊一系列戒指的靈感來源。

下圖：下面這些造型特殊的銀戒，是以海膽的外觀為主題而衍生的系列作品。

每一種事物都可以用千萬種不同的角度來看待與解讀，重要的是要把靈感的核心意義，用平易近人的手法表達出來，如此才能隨心所欲地運用或支配這個想法。

一旦對靈感有深入的了解，設計將會傳達出明確清楚的設計理念。如果未能深入了解這些東西，作品很有可能會變得乏味、平淡，而且失去獨特價值。

辨識各個細節

在設計之初，設計師必須要學會辨識所有可能會運用的各個元素，試著去了解這些東西對這款設計的重要性，並且需要考慮哪一些是不可或缺的，以及哪些可以被排除在外的。舉例來說，若用鳥或雞作為珠寶設計的主題，雖然這不是挺特別的設計主題，但是卻也隱藏著許多變化，是值得列入考慮的，或許是牠們平面或立體的外觀、骨架的形狀、皮膚的質感、羽毛的顏色、走動或飛行時的型態、關節部位的構造或是肉體與美感的平衡等等。

視設計目的和傳達概念為何，而選擇不同的表現手法。例如以「鳥」為設計主題，雖也許鳥的外形是唯一列入考慮的，但是如果想要展現鳥類美感，那麼羽毛的顏色、觸感或細膩的外觀描繪，將是設計師必須加入圖稿的元素。只要熟知尋找的路徑，平凡的東西也可能啓發非凡的創意。

效果的考慮

當我們把之前得到的各種資料抽象化之後，就不難看出自己受到它莫名吸引的原因。靈感在某種程度上可能會帶來許多愉悅感受，像是心靈的平靜、放鬆或滿足。甚至設計的本身也可以傳遞一些觸覺上的訊息。例如一件使用了被大自然洗禮過之圓潤小石頭的設計，經過了佩帶者的觸摸，也可使佩帶者感到平靜。

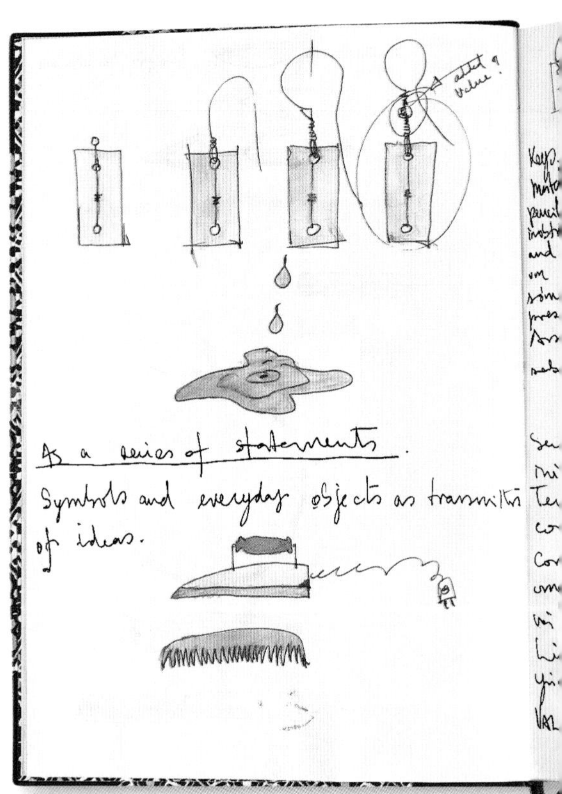

右圖：我們可以在設計中運用靈感對潛意識的衝擊。例如這個刀片形狀的耳環，就讓人有不舒服的感覺。

下圖：當這些主題相近的圖片放在一起時，彼此的關聯便顯得特別密切。此處即是利用擺放一起時的互補作用，整個主題更強烈突顯出來。

不過，有一點倒十分令人驚訝—有許多能激發靈感的東西，竟同時也是使人感到不快的。當人類提高警戒心的同時，觀察力也相對提高。一旦了解到什麼會帶給我們快樂，而什麼將使我們不安時，不妨把這些訊息融入設計作品中。一件會帶給人們負面感受的作品，反而能吸引更多目光，因為大部分的人都有一種希望受到驚嚇的病態慾望。

獨特與共通的魅力

得到上述問題的答案後，就要開始進入下一個階段，那就是如何將靈感轉換成一件實體設計，並要能讓觀眾了解所要表達的意涵。在某些情況下，要讓其他人了解設計訴求是很容易的。多數人是對美或是對其他事情的看法，都有許多共通點，或者是有相同的經歷。就像是許多人都覺得扇貝、花朵或優美景致非常迷人。

很多作品的靈感來源是極為明顯且易懂的，但是不同的人對相同的主題也會有分歧的看法與詮釋。就像是以「愛」作為主題的作品，從人類有記憶以來就存在我們周圍了，不論是在文學、戲劇、電影、藝術和珠寶設計中，從不同角度和觀點所詮釋的「愛」充斥在生活中，縱使時間流逝，這個主題仍歷久彌新，也會一直有不同的作品產生，並帶來全新的感動。

相對的，有時設計師的靈感來源並不易為一般人所察覺，這是設計師所面臨的挑戰，設計師要開始思考：如何使自己要表達的事物成功地進駐觀眾腦海。作品本身就是一種媒介，即是藉由實際作品展現設計師所要散播的觀念。這時就必須學會如何去蕪存菁，萃取出這些想法的本質，避免不必要的雜質破壞觀者對我們所表達概念的清晰度。

右圖：製作過程也可以成為靈感的來源，因為它會賦予製作者一種竭力創造美麗事物的能量。這些造型特殊的石雕樣品，便可能成為未來珠寶設計的靈感。

左下圖：在郊外散步所收集到的物件，把它們有系統地收集在視覺筆記或是素描本中，以便未來可作為參考。

右下圖：將小孩的拼圖玩具速寫在本子上的小動作，可成為日後設計胸針的創意來源。

素描草稿

素描草稿是指在短時間內畫出物體。可以隨意地將輪廓或想法紀錄下來，也可以較深入而完整地揣摩一件作品。

視覺化的想法

藝術家和設計師們的創作皆以視覺為主，他們會將文字「圖像化」，以表達心中的想法。所以在思緒受到干擾以前，將各種事物速寫下來的技能是必要的。如果在看到有趣的事物，或突然想出某件難題的解決方法時，將其以素描的方式記錄下來，日後可作為設計的參考。

從靈感出現，一直到設計稿完成，素描都扮演一個舉足輕重的角色；用來記錄整個過程的一些圖形和想法。就像作家們常常將看到與聽到的有趣句子紀錄下來一樣；設計師也要隨時準備將任何有趣的東西畫在素描本中。最好隨時都能這樣做，因為這些點子或影像常常一閃而逝，根本讓人無法掌握。

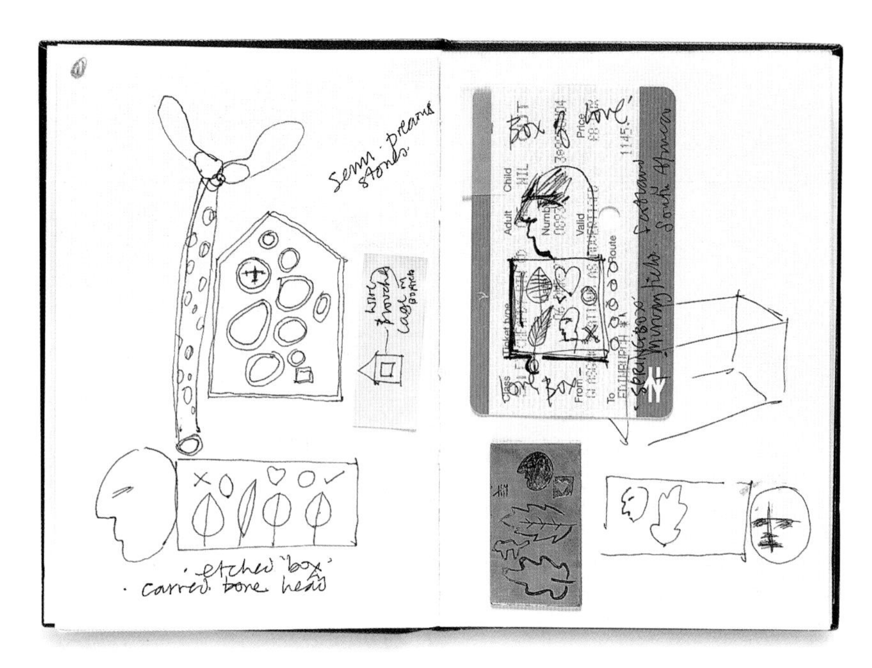

左下圖：這張具有藝術氛圍的素描是由一層層影印的圖案、外形、字母、鉛筆與水彩線條和針線所組合成的。

上圖：素描本如果不在手邊，不妨用信手拈來的紙張記錄，之後再將之貼進本子。在這張圖中，作者便是用車票記下心中瞬間湧現的想法。

下圖：這些精細的素描，記錄了小鳥的羽毛顏色、姿態、構造和外形。

左圖：這幅誇張的彩色抽象素描，每個觀賞者的自行詮釋屬於自己的感覺。

這些記錄下來的圖像就如同會議的備忘錄一樣，可隨時拿來作每次設計時激發靈感的參考。

用圖像記錄下設計過程，可以讓你隨時回溯到之前的任何一張圖或任何一個想法，甚至將那張圖作更進一步的發想。它也能替思緒作一番整理，幫助設計師集中焦點、不受到干擾，也不須花費精神在無謂的事物上。

為目的下定義

不像畫家們的素描只要留意構圖和顏色的明暗；設計師的素描有更多細節需要記錄下來。如果想要更有效率地達成目標，就必須了解自己希望達成的目的；也許是紋路與表面質感，或者是珠寶本身的金屬機關組合。等確定設計目的和重點後，它自然就會浮現必須記錄的東西。舉例來說，如果要表現出型態，素描時只需著重於外型的變化即可。

上圖：就算是快速地寫生，也可以清楚表達背後的目的；就像這張圖中的狗，看起來就像要去進行某件事的樣子。

讓它成為習慣

就像學習所有的東西一樣，素描也會熟能生巧。剛開始，素描也許會有點粗糙，但經過一陣子的練習，技法就會更純熟，對設計過程大有助益。試著不要太在意素描的「美醜」，重要的是必須明確地記下所有細節。

你也可以試著運用多元化的媒材使素描更活潑，並拓寬視野，讓自己能更專注在設計焦點上。使用普通鋼筆或是鉛筆當然沒有問題，但是若能加上一些色彩和不同材質，畫面將會更加立體，又或許可以讓自己對主題有更深入的想法。再者，畫面越精采，越可能激發更多新點子。

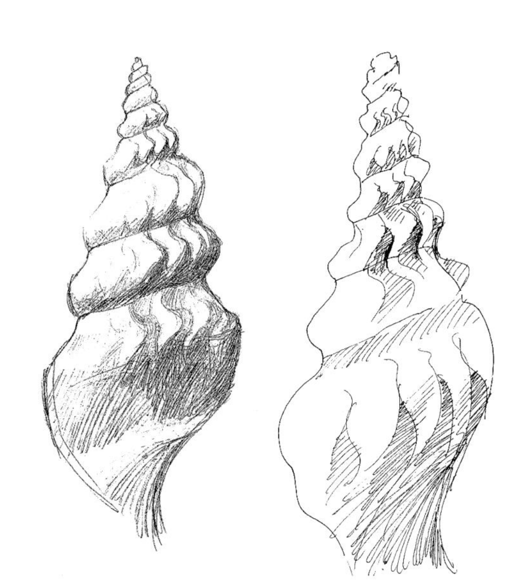

左圖：這兩張海螺的素描分別著重在表面紋路和明暗對比上。

右圖：這張優美的都會風情素描，深刻地表現出異國情調和當地的人文風情。

初步的設計大綱

珠寶創作的第一步是得先撰寫一份初步的設計大綱，也就是把整個設計的輪廓與方向用文字或圖片，甚至其他方式記錄下來。

大綱的內容

這份設計大綱必須包括所有在設計程序中得考慮的事情，例如設計概念、背後意涵、價格、材質、尺寸、製作方式、製作耗時、同一系列的總件數和展出地點與行銷手法等等。

一件優秀設計通常是經過深思熟慮與策畫的結果。在開始設計之前，如果能先把所有即將遇到的「疑難雜症」一一列出，絕對會省下不少寶貴的時間，進而也是為自己鋪設一個確切的設計方向。

列出大綱

並不是每件設計都必須有一份正式的大綱，但絕對有必要多花點時間將那些相關事項詳細列出。初步大綱是設計過程中不可或缺的，它將幫助設計者更清楚地勾勒出作品輪廓，並能更準確地預測出設計作品最終的形貌。不過要注意的是，所有的相關事項都必須鉅細靡遺地條列出來，才能確保之後的製作流程中不會有疑問產生。

鑽石的價值

思考鑽石的價值之後，設計出一件足以反應其價值的作品。

*

這件作品必須使用貴重材質製作，其中得包含三顆任何大小、形狀和顏色的鑽石。

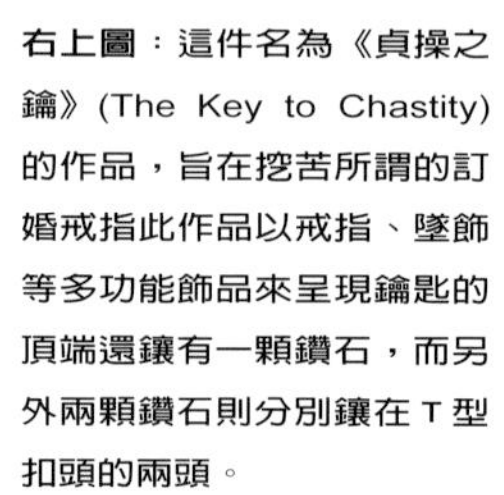

右上圖：這件名為《貞操之鑰》(The Key to Chastity)的作品，旨在挖苦所謂的訂婚戒指此作品以戒指、墜飾等多功能飾品來呈現鑰匙的頂端還鑲有一顆鑽石，而另外兩顆鑽石則分別鑲在T型扣頭的兩頭。

左圖：這枚戒指是以18K白金和槽鑲法（channel setting）鑲嵌而成的小方鑽，被命名為《財富殿堂的膜拜》(We worship at The Alter of Mammdn)，暗諷現代人的敗金行為。

就算別人已經提供了不少輔助資料，自己也要再撰寫一份個人式的設計大綱。這份由個人觀點出發的設計大綱，將能釐清許多必須達成的目標。一旦有了這份資料，就可以讓整個設計更輕易地朝正確的方向邁進。這份個人化的設計大綱會讓設計師的思緒專注在所有相關的創作議題上，減少因其他想法而分心的機會。雖然那些天馬行空的想法總很有趣，但並不是每一個都適合用來達成此次設計的目標。

相互的關聯

設計一套兩件式的珠寶，主題必須著重於二者的關聯性。

*

此外也要思考兩款作品的互補特色，例如主題、涵意、概念與協調性等等。

上與左圖：這兩枚戒指的寶石部分都以蠟燭所取代。這顯然是以功能性取勝的作品，也許將被用在慶祝，如生日的派對場合中。

下圖：這是由頸部裝飾和胸針組成的一件作品。趣味在於兩者的實體組合狀態，佩帶者可自行決定要如何佩帶這兩件作品。圓錐形的胸針同時也覆蓋住了銀質編織飾品的兩端，具有扣頭的功能。

各種設計大綱的架構

設計大綱並沒有固定的寫法，它必須按照設計的訴求來作規劃。如同設計比賽的公告上，必須讓人明白比賽的題目是什麼；或像是學習過程中老師所作的課程教學方案，裡頭就列舉出不同的教學目標。

不同的設計內容，表現手法也會有很大的差異。也許包含許多色彩豐富的圖像，但說明文字卻簡短得讓人難以理解其所要表達的設計理念；或是以過度「刁鑽」的態度使用文字，反而把想法全部侷限在小框框裡。又倘若設計大綱是由他人所提供時，不管是何種形式，設計師都必須學會擷取其中所要表達的真正含意，千萬不要被令人眼花撩亂的表現手法所迷惑。否則，在之後的製作過程中，第一個不能理解設計作品內涵的人，必定就是自己了。

規劃設計大綱

想要完全掌握設計脈絡是沒有捷徑的，必須花許多時間去思考並辨認到底哪一樣東西與這件設計有直接關聯。如此才能更專注於後續的製作過程。不管設計理念來自條理分明的思考邏輯還是令人摸不著頭緒的主觀感受，設計大綱所提供的就是一個架構，而設計師的任務就是賦予它生命。除了徹底了解大綱所列出的重點外，在製作過程當中，設計師還要不斷比對所做的一切決策，是否都與設計重點吻合，這樣才不會偏離設定的主要目標。

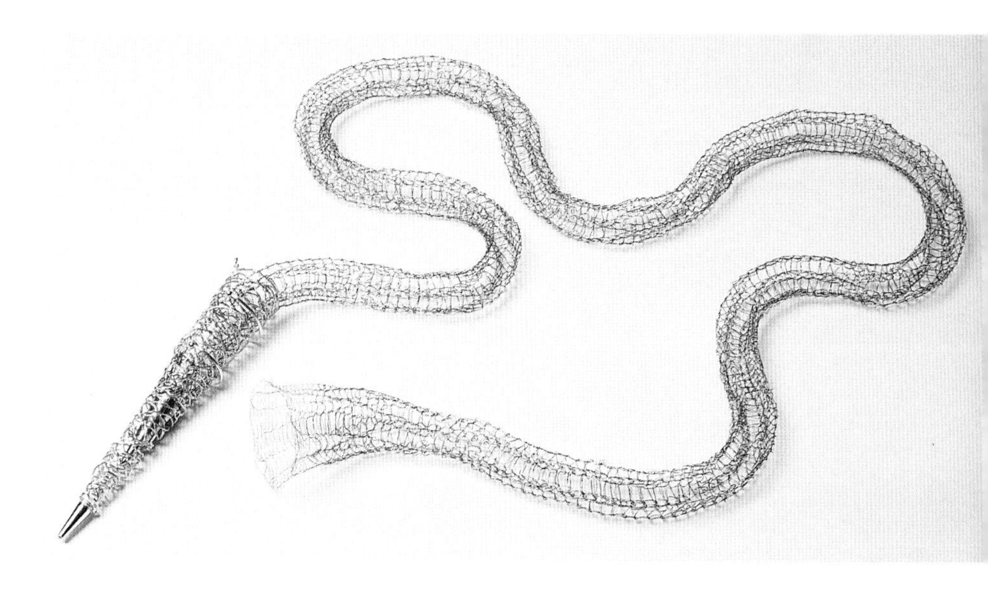

設計概念

概念，是設計的骨幹，是作品所要表達的企圖，也是設計師想透過作品向大眾傳達的主題。

概念的必要性

常常有人以懷疑的態度來看待「概念」，並認為它可有可無，不具重要性。事實上對設計來說，它是最重要的一個環節。設計始於靈感，但如果不是經過仔細思考而形成的概念或某個中心思想，那麼也僅是一個偶然的產物，並不是一件有目的性的成果。其實，雖在偶然的情況下，並不是絕對不可能產生好作品，但多數的優秀設計，都是在嘔心瀝血之下才得以問世的，而且極為常見。

右圖：這些是一系列以聖誕節紀念胸針為概念的設計草圖，從素描稿中，可以瞭解作者想要表達的設計概念，是關於地理上的概念。

左下和右下圖：這兩枚墜飾要傳達的是情感的脆弱面。右邊墜飾中間的蛋殼，代表人類脆弱卻又可能不斷膨脹的自我中心。左邊的那枚則訴說著一個較為樂觀的情況：一旦擁有自我的肯定之後，我們將會如破殼而出的鳥兒一般，把所有的不成熟拋在背後。

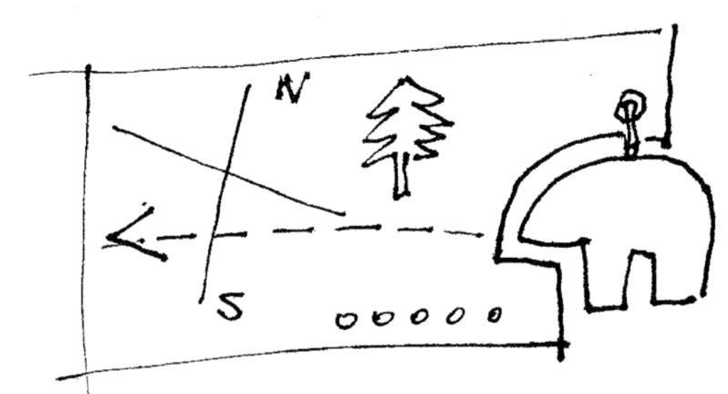

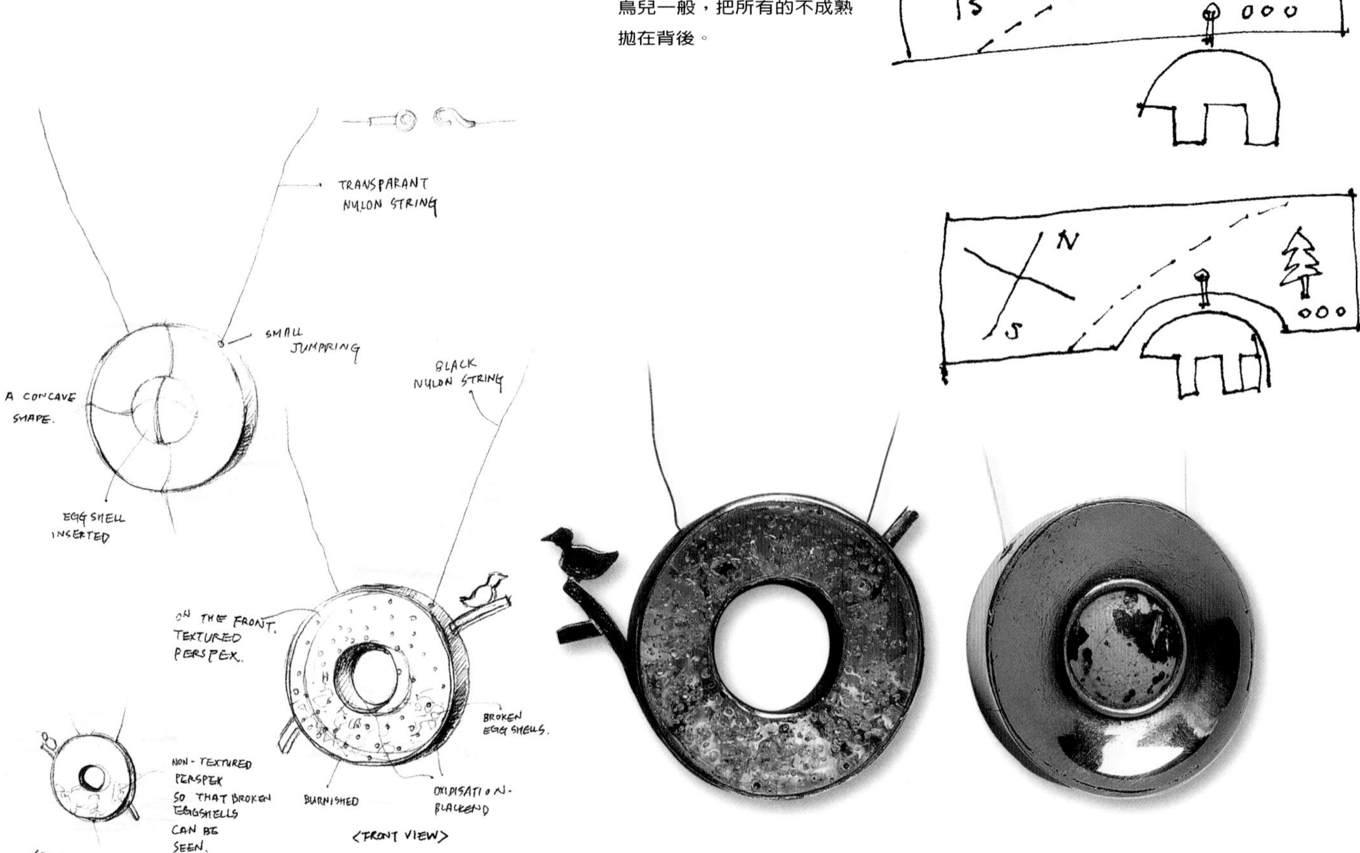

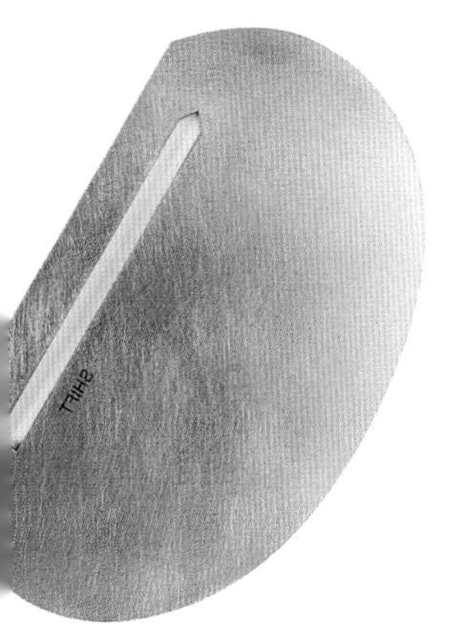

左圖：其中的箭頭方向就是暗示觀衆必須與這款胸針作某種互動，這件作品的用意在於表示佩帶者必須針對某件事作出決策。

在設計之初，就應該明確訂出設計概念，才能更專注於接下來的各個設計步驟，並可迅速找出各種最符合主題的設計元素，使最後的成品更加新鮮有趣。在第四章（第96－115頁）中，亦對各種的設計概念有更深入的探討。

簡單明瞭

設計概念最好力求簡單明瞭，因為你，絕對不想讓觀衆花太多心思去弄清楚作品想要傳達的到底是什麼。概念的可塑性很強，時常遭人蓄意扭曲或延展，當它變得太迂迴只有設計師本人能了解時，對觀衆來說，就不具有任何意義。一個沒有被全面執行的概念，通常是因為設計師過於注重不必要的枝節，真正的設計點反而失焦了。相反的，如果設計概念執行得太「鑽牛角尖」，以致於只有設計師一人瞭解時，這件作品也完全失去存在的意義，因為它並不能成功地向世人傳達訊息。

如果發生上述情況，建議你重新思考整個設計與構想，也許必須把概念再簡化或描述得更加清楚易懂。重要的是得隨時將設計重心放在主要的概念上，不要讓焦點被其他次要的枝節模糊掉了。有個好方法可試驗概念是否方向正確，那就是可以自己試著先將概念口述一遍，如果連自己也不能將概念主軸有條理地解釋清楚，那麼別人也很可能無法了解。如此一來，就是該重新思考的時候了。

上圖：這件作品想表達佩帶者目前的心情，希望旁人對情感脆弱的首飾主人手下留情，別再增添他的煩惱。

右圖：這件作品名為《永恆的生命》(Eternal Life)。連續不斷的線象徵永恆，而羅列的自然元素則代表了生命的輪迴。

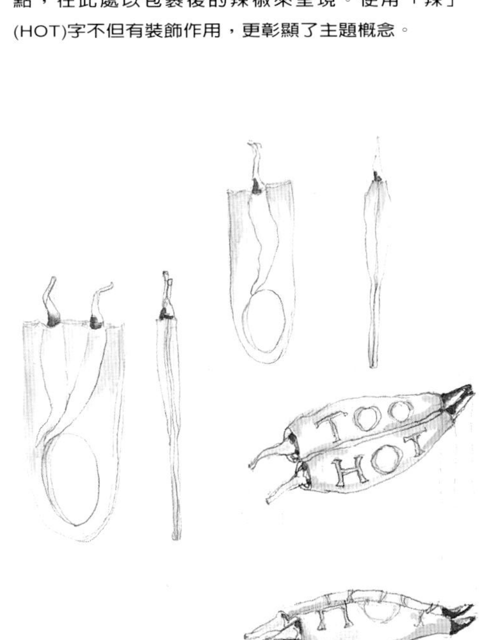

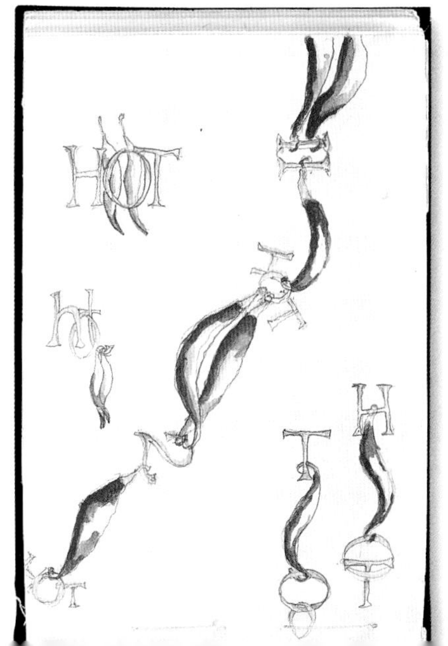

下圖：以辣椒的麻辣味讓人「受不了」的概念為起點，在此處以包裹後的辣椒來呈現。使用「辣」(HOT)字不但有裝飾作用，更彰顯了主題概念。

構思發想

腦力激盪是設計師結合所有和設計概念相關想法與點子的過程。在這個時候，必須盡可能提出一切的聯想，經過討論、去蕪存菁，才會使設計更加周詳完整。

敞開心胸

為了不使設計落俗套，設計師必須先將最富創意的點子提出來，然後以這個作為設計的出發點，進一步探索所有的可能性，使最後的成品更為有趣。

我們對所有事物的第一印象通常出自本能反應，但為了要向設計的下一階段邁進，就必須要仔細觀察與思考和事物相伴的靈感與概念，尋找其背後所隱藏的可能性。腦力激盪迫使我們必須張大眼睛與敞開心胸，去尋找所有與設計主題相關的事物，經過不斷地發掘與尋覓，也許一些較不明顯但是更加刺激有趣且富有挑戰性的好主意會油然而生。

右圖：這裡記錄了各種對「圓」這個形狀的看法與詮釋。如此一來，設計師在設計過程中便可以把注意力集中在這些想法上。

左下圖：這些圖是為了一件可當藥丸盒及墜飾的作品所發展出來的一些構思，記錄了一些必要的元素與最有可能的佩帶者。

右下圖：此件作品的設計概念是奢華，因此蒐集了一些與財富有關聯的物品與想法。

試著不要對點子有任何設限，要持續地將它們全記錄在紙上，才能跳脫平淡無趣，朝新思路前進，而且可能會有當初料想不到的好主意出現。如果可能，和其他人討論你的構想也是個不錯的方式。因為每個人對事情的看法都不盡相同，也許他人的看法會帶來更有價值的洞察力。

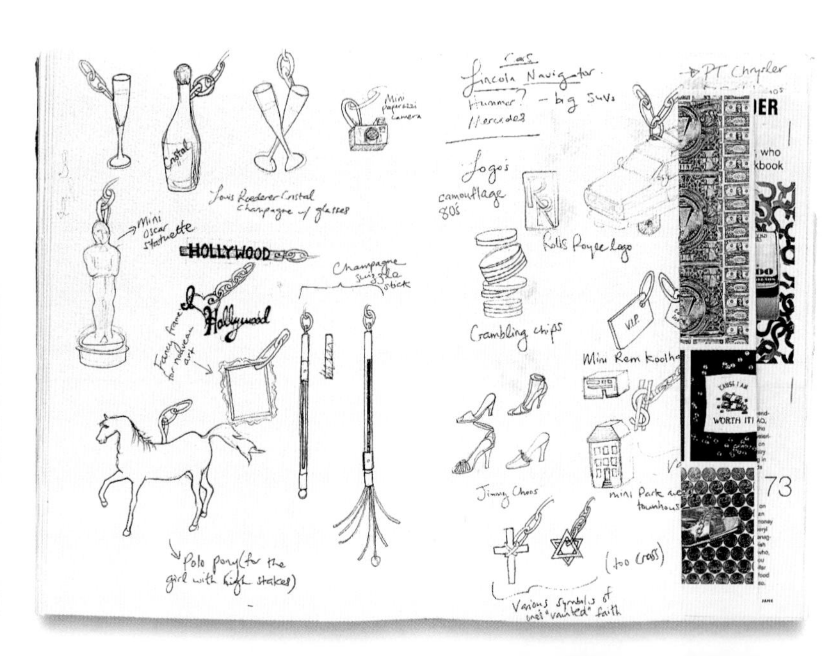

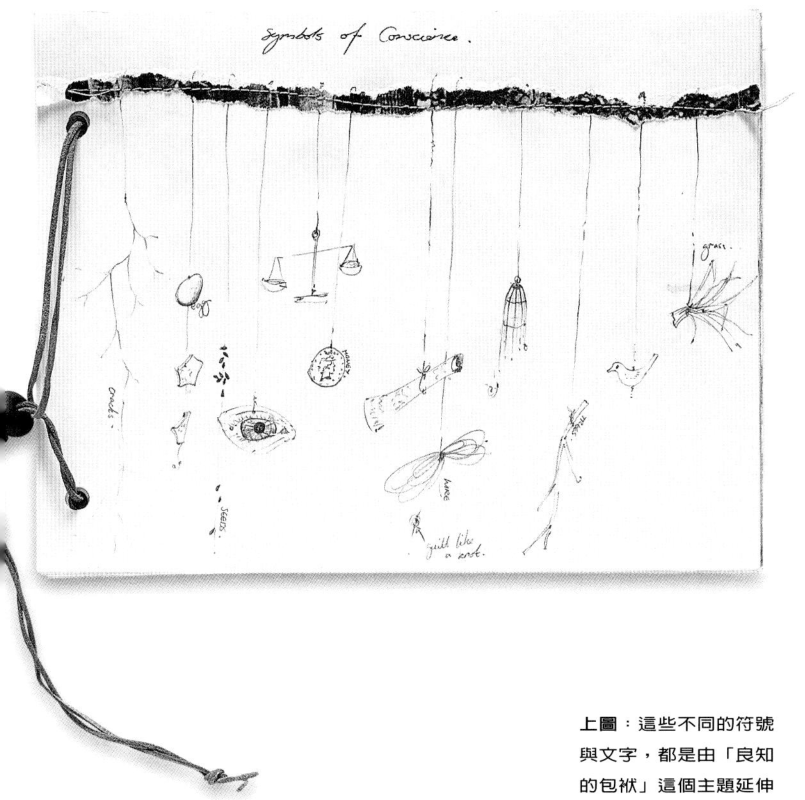

資料的過濾

構思發想的過程中，必會收集到許多不同的資訊，這時候應該一一過濾這些雜亂的想法，試圖找出一個中心概念，看看其中哪些最值得繼續發展。經過初步審查後，圈選出有用的點子，判斷其中哪幾個符合設計大綱，接下來就是發揮這些整理過的點子。再試著判別有沒有想法可能會互相重疊，如果有的話，得查看它們是否能強化整體的設計概念，或者反而削弱了設計張力。

不要害怕出現極端的想法，因為它極有可能激發出自事物潛藏的一面，而且一些較激進的想法仍可使用較緩和的手法呈現。

上圖：這些不同的符號與文字，都是由「良知的包袱」這個主題延伸出來的。

組織發想過程

可以由單一個想法開始，將它寫在紙上作為此次的發想開端。如果能不設限，願意讓思緒管道保持暢通，單獨的想法也能成為一種催化劑。發想的過程得逐步進行，好讓一個個的想法如網狀般延伸出去。

學會如何記錄過程，絕對是必須養成的專業技能，記錄的重點在於能夠讓人對為何會產生這個主題的過程一目瞭然。網狀圖是其中一個很實用的紀錄方法。它是以單一個想法為中心，接下來的所有想法就如放射狀般一直延展出去。性質相同的「家譜式」紀錄也能將構思過程整理得十分清楚，它也能讓單一想法不斷向下延伸，讓整個過程更有條理。

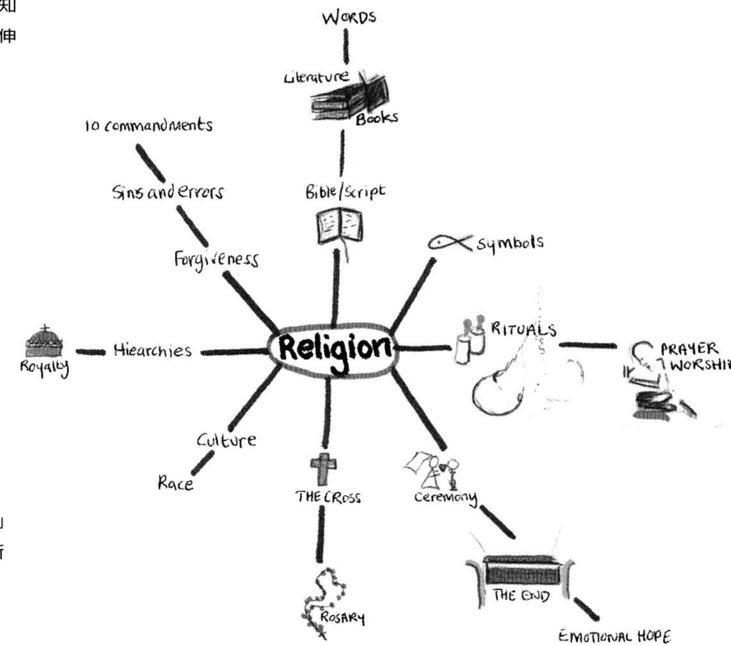

右圖：這是「宗教」一詞經由腦力激盪所發展出來的網狀圖。

進行研究

為了瞭解並找尋更好的解決方案，通常都會進行主題研究。主題研究代表著對某個特定主題展開全面性，且有組織的調查活動。是一種能拓寬設計師的視野並充實設計概念的過程。

拓展視野

找到一個自己感興趣而且具啓發性的事物時，對這件事的瞭解應該越清楚越好。

舉例來說，如果對「魚」這個主題很有感覺，因為美麗的外表，甚至是對牠感到厭惡，但都有某種程度的渴望想為牠設計一件作品。這時不妨由一條真正的魚下手。經由實際上的接觸，可瞭解觸感，重量、器官的細部外觀、氣味或肉質的鮮美度。另外，在魚的外觀或觸感方面，學術性的研究也能提供一些知識，諸如魚鱗的保護功能，或它如何折射光線等等。此外，其他類型的研究或多或少也能揭露一些影響設計概念的觀點，例如魚的符號常被視為基督教的代表。這些研究後所獲得的資訊會成為新點子的催化劑，並且帶領作品朝著意想不到的方向發展。

右圖：這些圖案剪貼，包括了一些隱形戰機、奇特外觀的建築物等，是用來研究人為創造的動人型態。

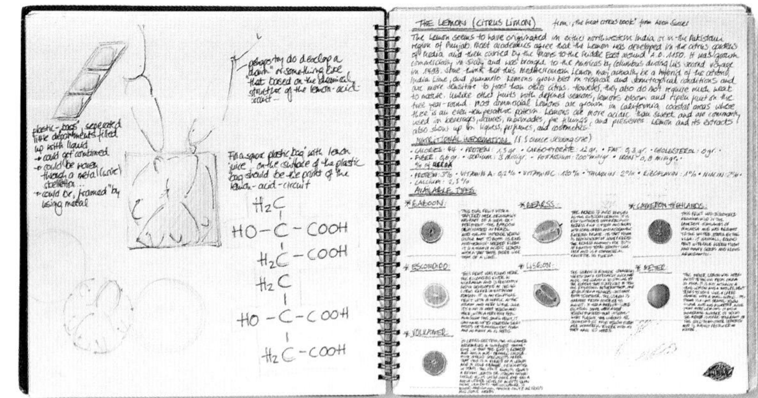

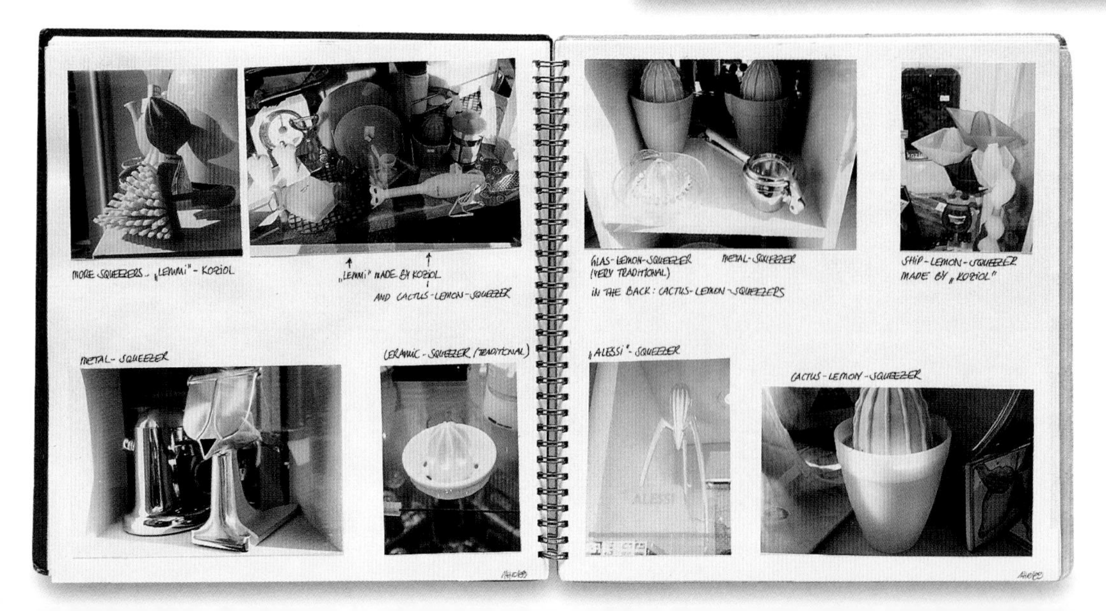

左和上圖：一些用來研究檸檬的筆記。不管是檸檬的種類、化學成分，還是擠檸檬的器具，全都包含在這份研究當中，這些資料將大大提昇設計師對檸檬的瞭解。

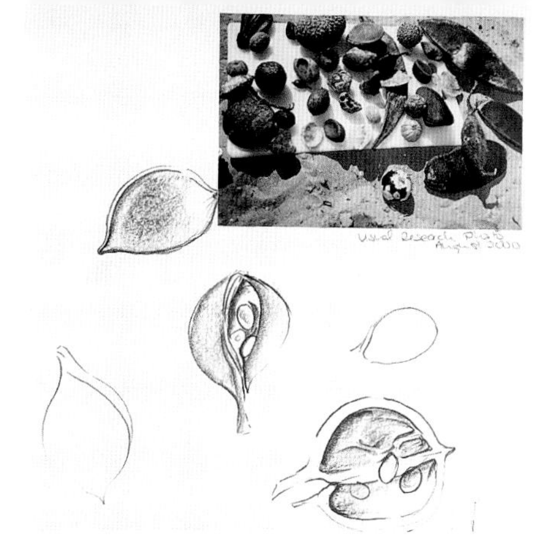

其實有時候，設計所需要用到的一些資料已經在腦海裡打轉了，但是資料若不經過仔細思考，通常只會看到一些浮泛的表象。所以進行設計主題的相關研究時，總會讓我們不經意地想起儲存在潛意識中，一些久未動用的想法。

研究資料

實在是不太可能將所有的資料在此一一列出，因為有太多可獲得資料的來源。首先，要確定主題的類別，才能決定要往哪個方向尋找。舉例來說，如果要找的是有關裝飾藝術(Art Deco)的相關資訊，圖書館就是一個不錯的選擇；但如果是想購買最新式的收納盒，當然就得到百貨公司去了。再者，網際網路也漸漸變成一種非常實用且快速獲取資源的研究工具，搜尋引擎所提供的網站，往往會有一些較特別的資訊可供參考。

左上圖：圖中是一些如貝殼等的大自然物件，設計師將之收集成堆、拍照，並作成視覺筆記，旁邊還附有一些針對各景物不同形狀的素描。

左下圖：這是一個由日式建築引發靈感的手環。之前收集到的圖片與文字資料，以及一些實驗作品都貼在成品照片的周圍，記錄著整個設計過程。

上圖：這些不同花朵的各式面貌，是為了即將著手的戒指設計所收集的。

過濾資料

若研究是針對設計主題而作時，應該時常地檢查一下，看看所取得的資料有無偏離當初訂定的設計概念與撰寫的設計大綱。

所研究探討的主題無須侷限於狹隘的單一問題，可以不斷地為下一個或一系列的作品收集資訊。在研究過程中，要試著去接受一些新想法與新方向，將這些資料收集起來以便日後對照，使它成為作品中的一部分。另外，還要學會如何辨別資料的實用性，有些資料雖然目前用不到，但是未來或許會有機會使用。因此，就先將它們暫時成為腦部記憶體中的一道「擺設」吧。

實驗樣品

實驗樣品是最終成品完成前的一連串實驗，它可能只是擷取最後設計的一小部分而已，例如僅測試顏色的搭配是否合乎設計主軸，而製作它們的用意也只在於確定成品完成後的風格、質感或是否達到預期的標準。

釐清資訊

如果設計師心中已有特定的製作素材時，在此建議可以先去收集一些同類素材的樣品，以檢視它的質感是否符合設計期待。而且如果已計畫對這類材質做一些例如表面質感的處理，或改變其原有的特性，那麼實驗樣品的製作的確是非常必須的。

事實上，這些實體模型或實驗樣品的製作，也具備了收集資訊的性質，它可以釐清一些研究時所遇到的疑問。這是一個絕佳的機會讓設計師再一次檢視之前所做的決策，是否完全正確。

樣品的製作無非是為了要釐清一些對細節的疑惑，讓設計師能更堅定自己的設計走向。

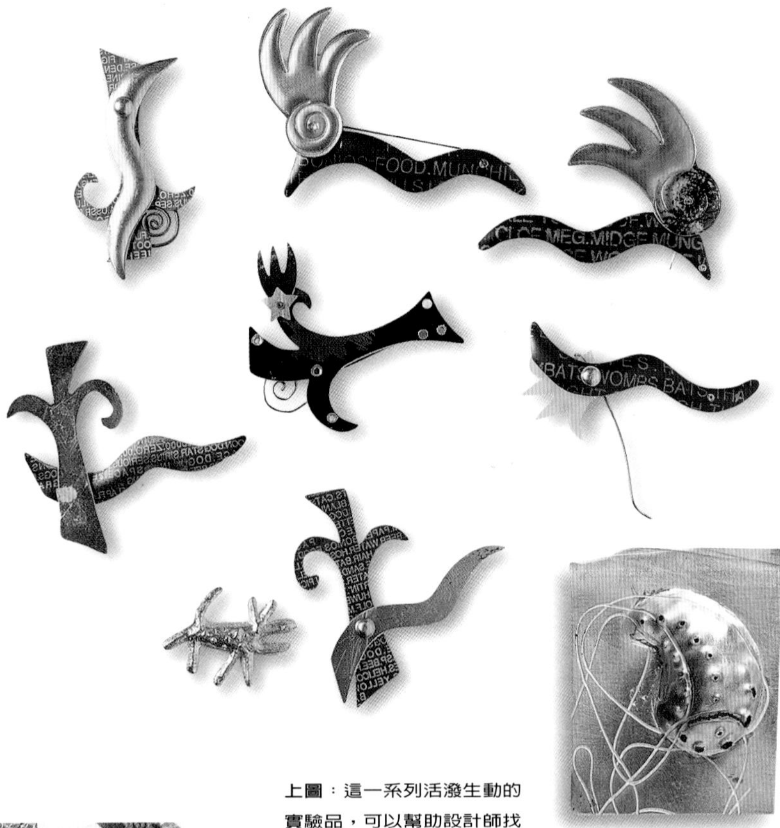

上圖：這一系列活潑生動的實驗品，可以幫助設計師找出最適合作品的製作方式和設計發展的路線。

左圖：這些紙片樣品是用來實驗不同物件的組合效果，讓我們知道不同的顏色和形狀對觀賞者的感受，還有它所散發的特殊氣息。

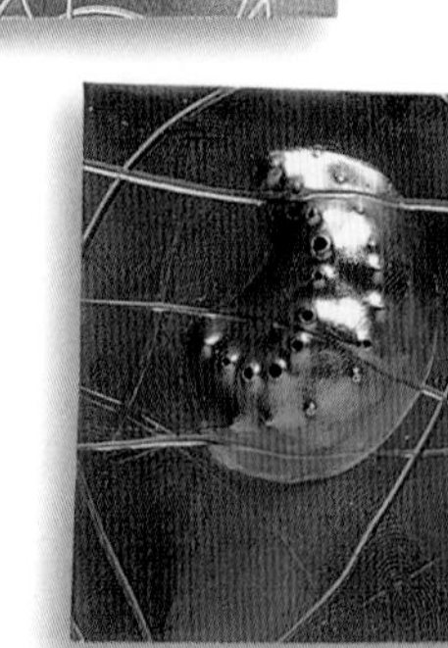

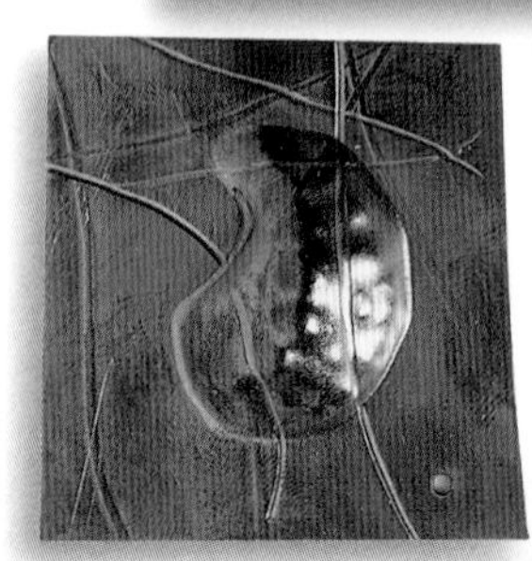

右圖：這些用不同材質作成的實驗品，是為了要找出其中哪一種最適合製作蜘蛛的精密形體。

左圖：透過製作這些不同實驗樣品的過程，可以瞭解材質的外觀與表面紋路。當然，最主要的功能就是拓展對設計過程的觀點和視野。

下圖：這些色彩豐富的壓克力（acrylic）樣品是用來測試在不同顏色的組合與技法之下，會產生何種型態的紋路，並將所得結果運用在設計中。

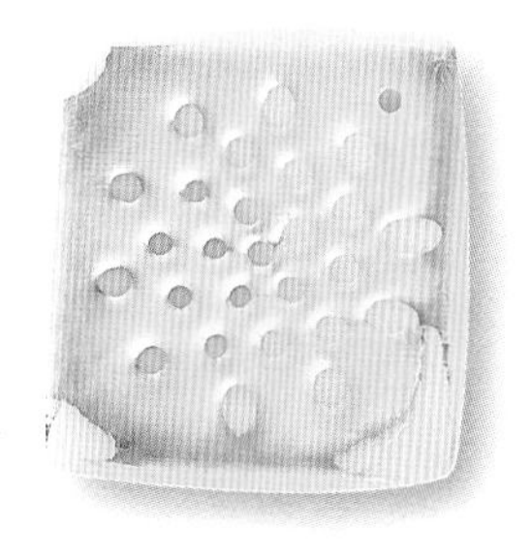

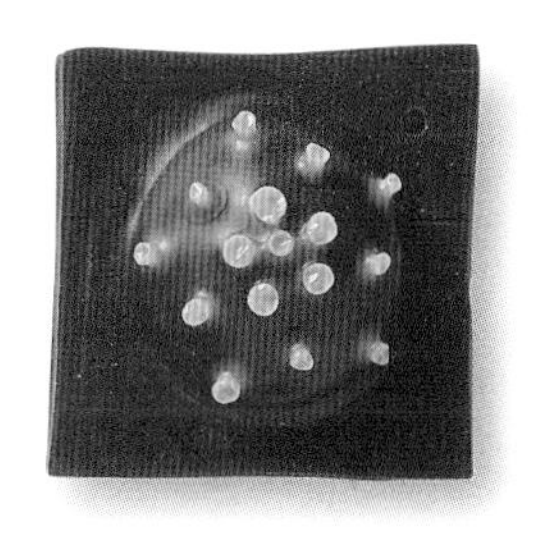

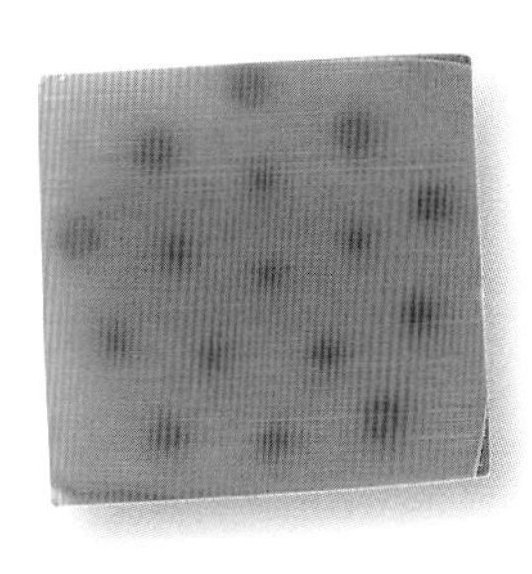

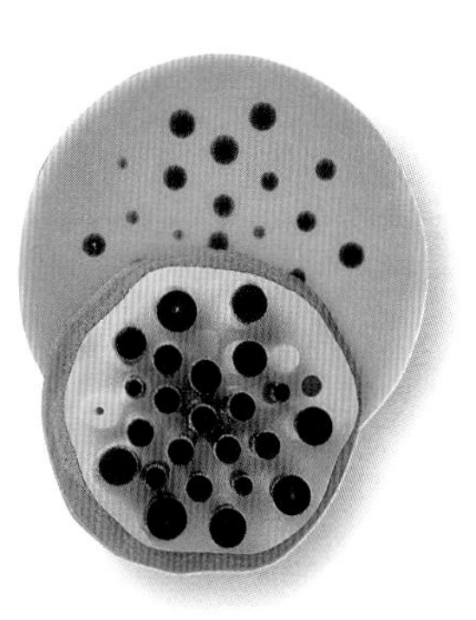

為要試驗哪一種厚度的人造乳膠比較適合設計作品，就必須去找一些不同厚度的人造乳膠樣品來作比較，用它們來試做出一些模型，以便找出最能展現這件作品的適當厚度。

這些樣品可以顯示出使用各種不同製作技法之後，成品約略的樣貌，就像是裁縫師所提供的布料樣品一樣，可以讓顧客提前預知服飾的布料色澤與觸感。若對某種技法感到興趣，何不親自動手製作一些小樣品來增加對它的瞭解呢？

靈感的衍生品

這些實驗樣品不僅可以針對我們所提的各種技法製作與質感問題給予答覆，同時也可能是靈感來源，提供設計時的多元選擇。有時候它們比記在紙上或是腦中的點子更有說服力，因為它是一個具體的成品，而不是空泛的想像，它能顯示出作品實際樣貌的一小部分。這些實驗樣品也因為簡單明瞭的線條且隨性的構圖，而令人愛不釋手。

千萬不要隨便丟棄這些實驗樣品，若是整理得宜，它們就會成為一份豐富的設計檔案，內容包括素材、製作過程、顏色組合等等的詳細資料，隨時可供查閱。除了要小心保存外，也要一併在旁記錄下製作的時間、技法與實驗目的。可以把它們保存在技法筆記裡，但如果這些實驗樣品是為某一件特定作品而製作時，也許收錄在素描本中會更恰當。

上圖：這些充滿東方風味的作品，設計師就是利用銀銅合金的漆器(lacquer)製作技法，來探究不同顏色與圖案組合的多樣性。（作者：陳國珍／台灣）

右圖：為了表現一種多層次的質感，這些紙片樣品使人預先窺見作品完成後，其中一小部分的可能樣貌。

草模製作

不同於平面的設計圖，草模是種帶點實驗性質，且通常以較便宜的替代材質製成或是照比例縮小尺寸的作品「前身」。

理論試驗

雖然草模的製作是設計過程中很重要的一環，但卻常被忽略。設計師不能只依賴平面設計圖，畢竟它不能將日後成品的立體型態表達得很清楚，這時草模的製作便有助於使人瞭解未來設計作品實際完成後的樣子。

在設計過程中，也許常會在圖面上先略過自己並不完全瞭解的地方，因此製作草模的最大功用就是確認所有的設計細節都是可行的。如果對完成後的模型有任何疑慮，就要立刻比對當初撰寫的設計大綱，徹底解決問題。

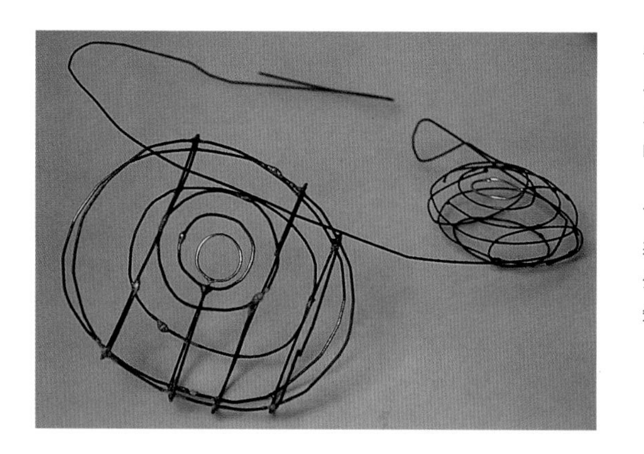

左圖：用鐵絲、銀線和金線所作成的線狀草模。我們可以由此清楚地知道最後成品的外型與質感。

下圖：這個模型是設計師用來研究這款形狀特殊手環的外觀，與其佩帶時是否具有先前預想的功能性。

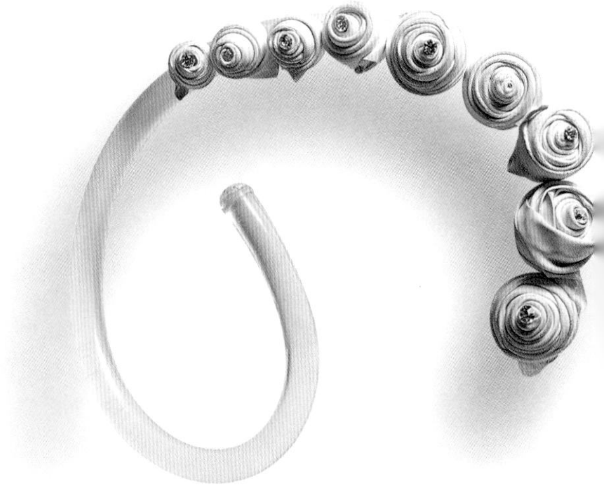

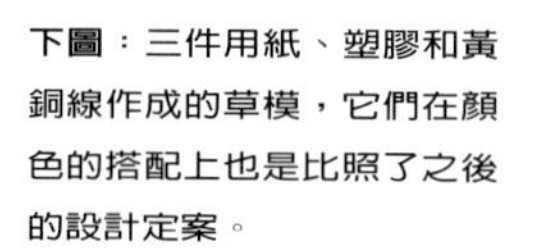

下圖：三件用紙、塑膠和黃銅線作成的草模，它們在顏色的搭配上也是比照了之後的設計定案。

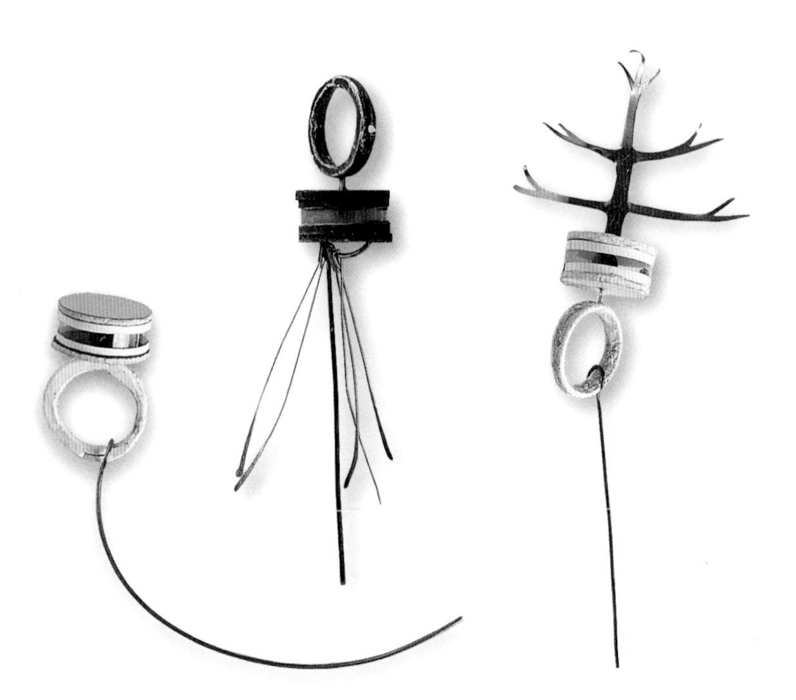

技術上的解決方案

我們可以經由草模的製作來實驗一些新的製作技巧。如果此次的設計必須使用一種不熟悉的製作技法時，我們經常會自以為是地用假設的方式來預測設計的結果，但是很多時候，這類假設並不見得正確。技術草模就是要讓我們瞭解並解決可能遇到的難題，讓我們有另一次練習技法的機會，避免在最後製作成品時付出昂貴的代價。

在此類前製模型的製作上，並不需要過分注意細節，重點在於釐清問題，當然無須花多餘心思在表面。和素描一樣，製作草模的第一步就是先把自己無法解決的疑問標示出來。也許設計師會有好幾個不同的問題，等待透過製作模型來釐清，例如扣頭的製作方式、成品的重量或是佩帶在身上的吻合度等等。所以必須先一一列出問題，然後經由模型的製作來解決它們。

草模素材

幾乎所有的素材都可以用來製作模型。鐵絲和黏土可以用來作立體的模型，紙張或厚紙板所剪裁出來的形狀可以增加對作品輪廓的掌控。影印機也可以放大、縮小或複製一些東西。而非貴金屬(base metal)的材質可以大大降低成本，用來代替貴金屬(precious metal)製作模型。盡可能不要使用處理起來過於費時的素材或技法，得找出一種材質是既可以讓你瞭解問題又製作簡單的，才能讓所有的不確定在草模製作階段就一掃而空。

右圖：此處是為察看設計品的外型美觀與否，而利用樹皮、水泥和銀來製作的一件草模。

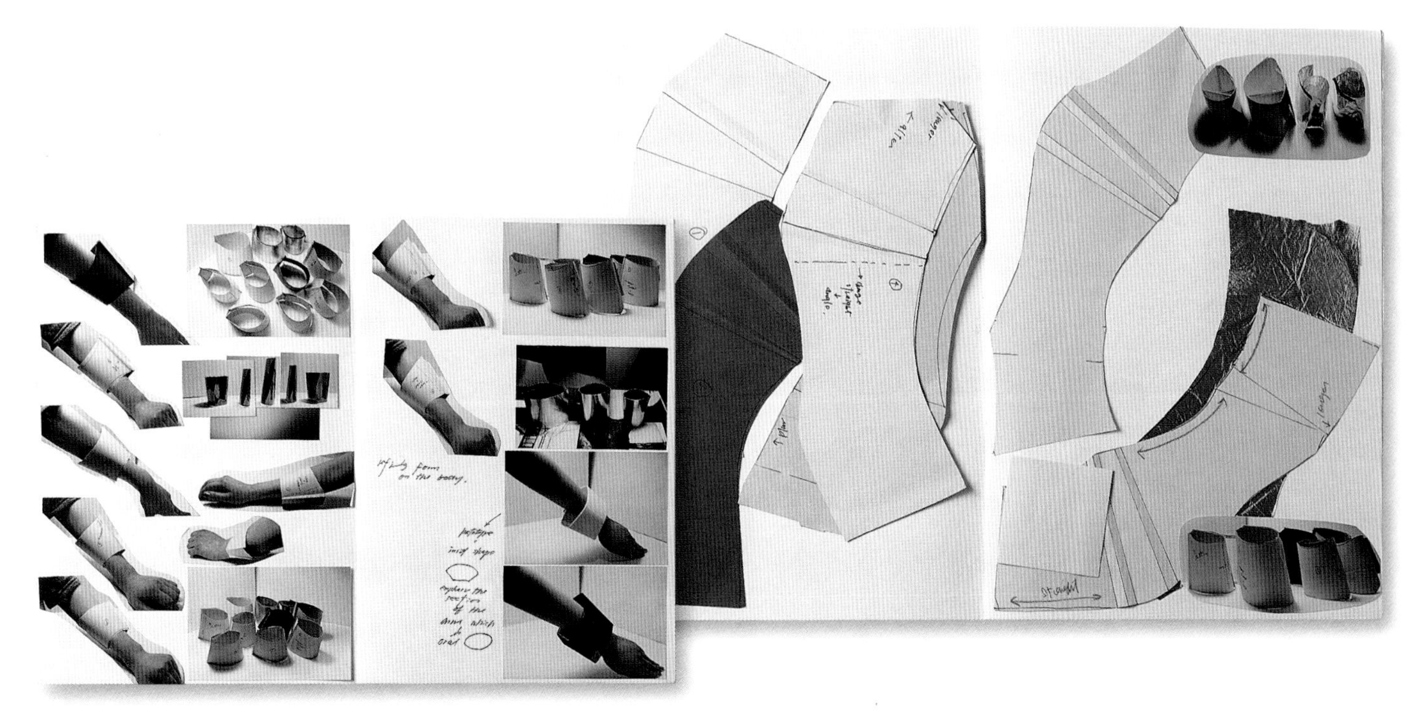

下圖：整個草模製作的過程都用照片記錄下來。整份紀錄內容包括了不同模型和身體之間的吻合指數、文字解說與插圖，以及草模製作時使用的樣紙(template)。如此，這個設計在未來可輕易地被再度複製。

成品製作

這個階段是設計過程中的最後一步，即是將平面的設計圖稿，運用適合的材質與技法將此次設計以實品的方式來呈現。

從設計到完成

成品製作的這個階段，無疑是整體設計過程中最重要的一環，如果沒有實際成品的產生，任何繪製得再好的設計圖稿，也只不過是紙上談兵罷了。雖然有時某些設計本身就代表了完成，但幾乎所有的設計師都希望看到自己的設計成果以實品的方式展現在世人面前。

有人說，如果要真正成為一位傑出的設計師，就必須瞭解設計所需的基本製作技法（參考18-19頁「製作技法」）。在實際的製作過程中，可以清楚地認識素材和技法可能產生的種種「潛力」，這不但可以幫助我們更有效率地完成設計，也可以避開一些製作上可能會發生的問題。

若需要別人來幫忙製作成品，那就必須提供一份非常清楚的製作明細，這樣才能避免成品與設計圖稿有所出入，並降低製作預算增加的可能。

左圖：這件名為《月亮》(The Moon)的作品則是採用獨特的漆器技法和創新性的金、銀粉技法製作。（作者：陳國珍／台灣）

上圖：這款胸針是以銅和鈦(titanium)為材質，再用木目金技法(mokumé gane)製作出美麗的木材紋路，可別小看這簡單的木紋，它需要非常專業的製作者。

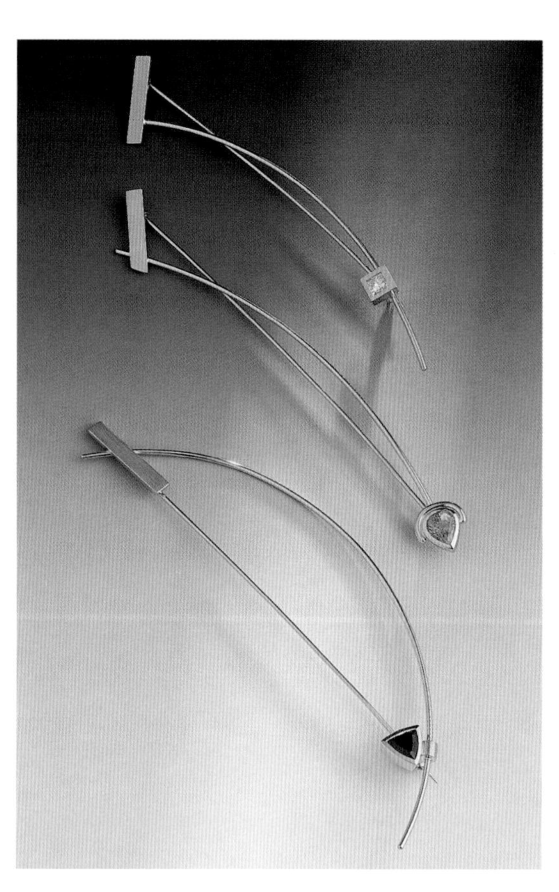

右圖：這些胸針是以貴金屬和寶石(gemstone)製成的。越是簡單的設計，就越需要精湛的製作功力來突顯它精準的最終完美結束(finish)。

過程的掌控

以某款造型特殊，可說是獨一無二的設計品為例。成品製作的方式有好幾種，通常是由設計師親自製作或是另聘請一位珠寶師傅製作。如果是後者，那麼細部的製作流程表和詳盡的文字敘述絕對是必要的。設計師和珠寶師傅的溝通越好，成品就越不可能與設計圖稿有所出入。有時候可能會需要將設計複製，這時候就要看情況採取不同的製作方式。

如果要少量複製原創設計，像是鑄造(casting)、金屬電鑄(electro forming)、照相腐蝕(photoetching)和雷射切割(laser cutting)，都是一些可行的辦法。

上圖：越簡單的設計越不能出錯，因為所有的不完美或錯誤將會非常的顯眼。這枚戒指的設計樣式即使簡單，卻不難看出作者高深的製作功力。

右上圖：有時，設計師親手製作會使作品更富人性，可能因為作品在設計師充滿愛的巧手下「生長茁壯」吧。例如這款獨特風格的手鍊。

下圖：有時候製作過程很複雜，它也許包含了數種不同的組合方式和工具，因此模型、文字筆記與照片等紀錄就顯得十分重要，可以幫助設計師回顧整個製作程序。

要使用上述的這些特殊製造方式必須要具備一定程度的專門技術，所以絕對必須花上一段時間來瞭解其內容，評估如何將它與傳統的製作方式結合。但如果是要將設計作品複製成數萬份，一些必備的工具和器材(tooling)勢必會讓荷包頓時「消瘦」許多。由於成本昂貴，因此這種大規模的複製，一般都是用在量產大眾化的飾品，並不適合個人創作。

大致上，量產可以降低製造成本，但極有可能也因此犧牲了品質。所以如有必要量產，必須先製作出一個作品原件，讓量產後的成品可以供其對照。你也必須認知，請別人製作，他人往往不會對你所設計的作品全心投入，唯有親手製作，作品才會百分之百地照既定方向進行。

計算成本

在請別人製作前或須提交一份估價單時，所有相關的費用都必須仔細考量。

*

一份完整的估價單須包括下列要點：

- **金屬** — 一克或是一盎司的單價
- **主石** — 一克拉的價錢和其總重
- **副石** — 單顆的價錢及總價
- **設計費** — 不包含製作，單單設計所收取的費用
- **工資** — 時薪和工具的費用
- **鑄造** — 開模費與鑄造的工資
- **配件材料** — 鍊子、扣頭（catch）、袖扣頭或耳夾等配件的費用
- **其他工資** — 刻花、鑲工、琺瑯製作等特殊工資
- **試驗費** — 貴金屬純度檢驗證明的費用
- **包裝** — 包裝的材料費用
- **物流費用** — 郵寄或快遞的費用
- **其他** — 旅費和特殊材質等的費用
- **利潤** — 成本的50%到100%

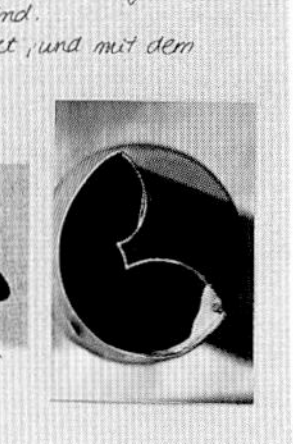

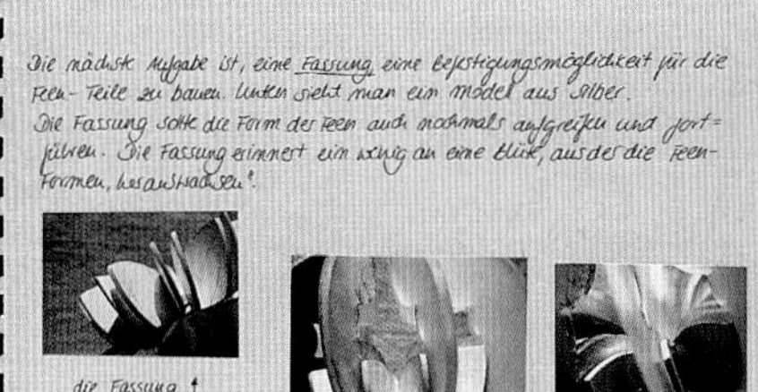

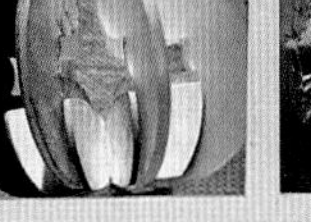

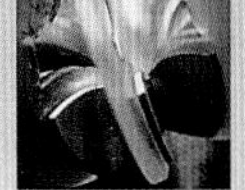

第三章

設計的基本要素

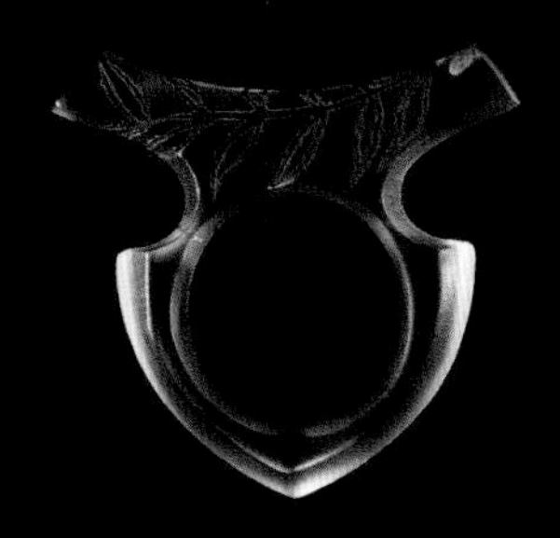

許多設計師喜愛自由地「玩弄」各種不同的手法來增添作品的魅力和趣味性，但是若稍不留意，也有落入俗套的可能。會發生這種情況無非是因為設計師忽略了塑造作品的「個人特質」。

不管「主導」設計的靈感或是概念為何，在一個完整設計過程中，有幾個要點是設計師必須加以考慮的。例如設計作品的形狀造形、表面質感、顏色、對感官或情緒上的影響、功能性、製作素材與過程等等，這樣才不致於遺漏了任何一個能增加設計內涵的機會。

形狀：概論

形狀是設計的主要重點之一，它對於觀衆的第一印象有著決定性的關鍵。不管作品的尺寸大小如何，不同的形狀會改變作品要表達的「語言」。

形狀是美感和視覺平衡的基礎。它可以被視作設計的開端，並由此來展開更深入的探索。但是要小心別讓不必要的東西讓作品變得太過複雜與誇張。

適合的特性

在設計之初，應該由概念思考出適合這件作品的形狀，看看它是適合粗獷的、流線型的、圓融的、東方的、有機形狀或是其他形狀。先把一些可能適合的基本形狀畫出來，然後再看看如何發揮，以增加作品的深度。

要發展適合的設計，設計師就必須瞭解形狀背後的含意。要瞭解形狀傳達的「訊息」並不難，其實秘訣就在於是否用心。

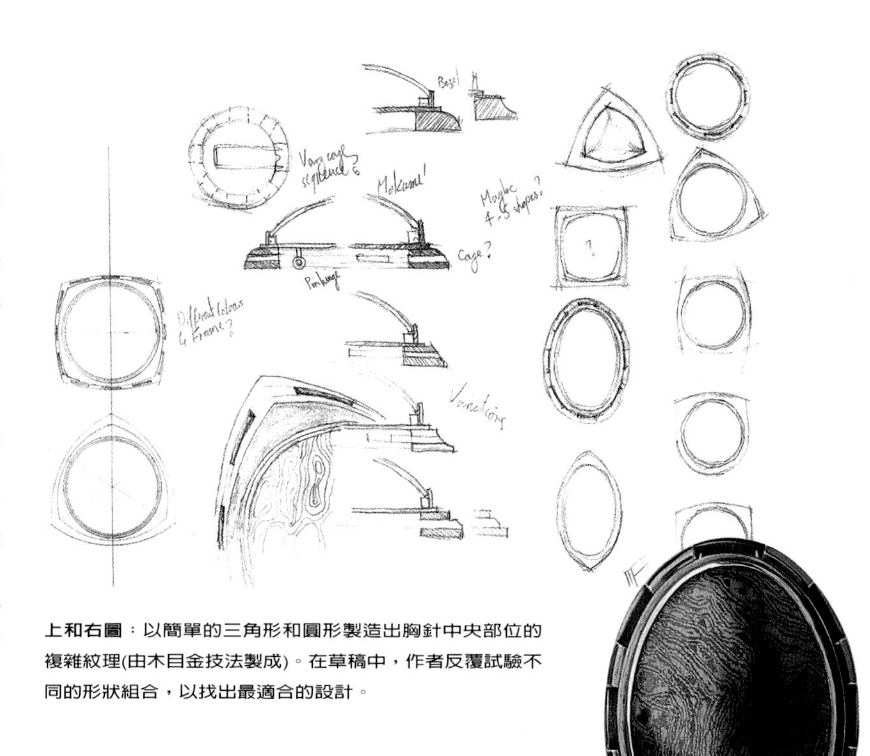

上和右圖：以簡單的三角形和圓形製造出胸針中央部位的複雜紋理(由木目金技法製成)。在草稿中，作者反覆試驗不同的形狀組合，以找出最適合的設計。

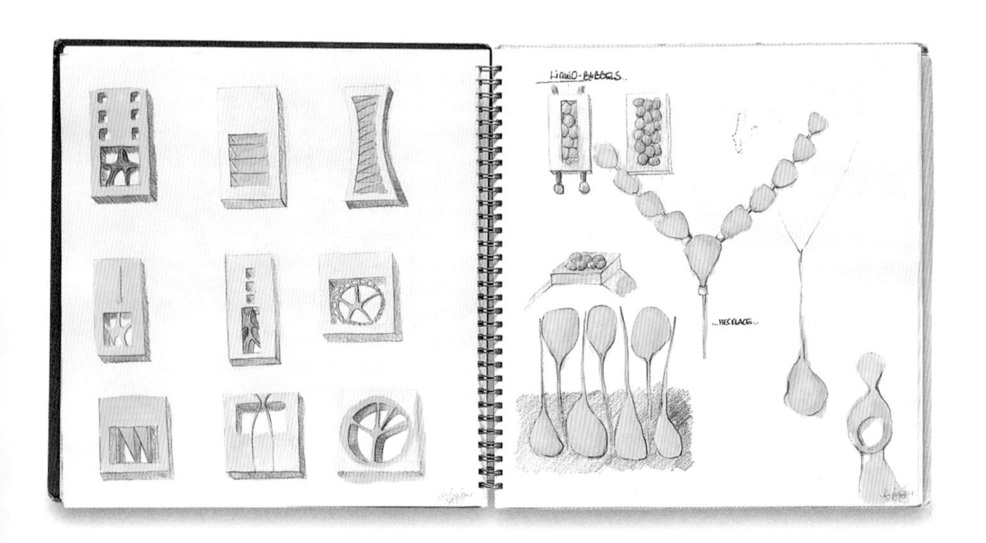

左圖：這些抽象的圖形是由檸檬為主題延伸而來的。試驗了各種類似的形狀後，設計師終於作了一些細節上的改變，以確定簡潔的外觀輪廓和複雜的內部圖案並不會「互爭鋒頭」。

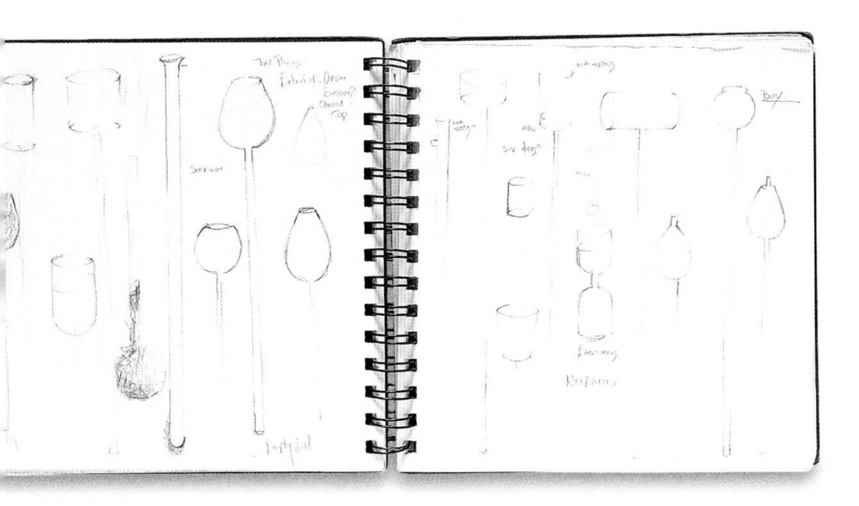

上圖：這些草稿上的圖形是設計師對許多不同形狀組合的深入研究。雖然每一種都有些許差異，但仍可看出彼此之間的相似程度。有開口的那個看似空心；而一些沒有開口的則應該是代表實心物體，乍看之下，還挺像一把槌子呢！

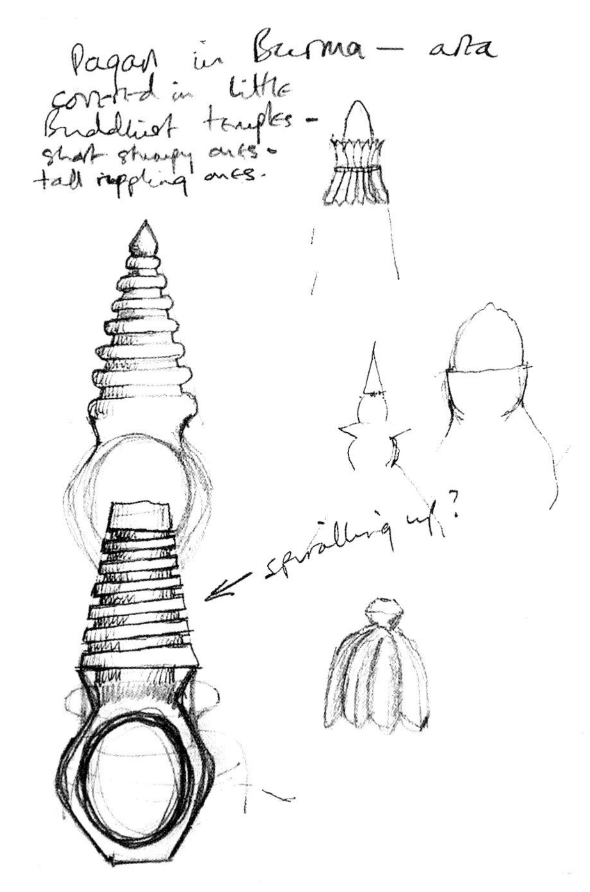

右和下圖：這一系列銀飾的設計是由建築物發想而來的。圓椎狀的外型是建築物屋頂形狀的延伸。

舉例來說，與無始無終的圓形相較，四邊等長的正方形給人一種和諧秩序性的聯想；而三角形則給人一種犀利且帶有暗示某個方位角度的意味。不妨好好利用這些基本的形狀，因為只要稍作一些改變，便會帶給觀衆截然不同的感受。

只要多作嘗試，幾次之後便會有足夠的經驗，自然就可以輕鬆地改變基本形狀所代表的既定涵義。多試幾種不同的組合方式，也別害怕開拓極端的想法。真正獨創且充滿趣味的論點，是全都來自那些古怪的想法。

形狀：實例說明

在確定作品形狀時，經常令人感到挫折，因為感覺上每種形狀都有無限的可能性。雖然可供選擇的圖形還很多，但總教人遲遲難以決定。

捕捉東方意境

要決出作品形狀時，可以依照先前設計大綱的內容來作篩選，看看哪種形狀比較能表現設計目的。例如這枚戒指的設計目的，需要就設計師去找到一種可表達東方神秘與優雅的形式。

為了找尋這種富東方色彩的形狀，設計師必須先想想哪種形狀可以激發出東方的意境，然後作一些東方人文的研究，看看有無實際範例可證明這個形狀代表的意義。有很多非常具有參考價值的資料，例如建築設計、裝飾（畫樑雕柱）、陶瓷、服裝、戲劇、藝術（書法）和花草鳥獸的圖騰等。而這件作品最後拍板定案的形狀，是根據佛教寺廟的建築風格所作的推衍。

改變形狀的性格：正負空間

當我們進一步發展這些或許合適的形狀，也慢慢篩選到只剩幾種幾個可能，在作出最後決定之前，就可以用模型製作評估何者是最吸引人且最能表現設計概念的形狀，即形狀的正空間（Positive space）。但是有些時候可能是，最符合設計概念、最美觀或最具功能性的形狀。

右圖：這是一枚使用熱塑性塑膠(Plexiglas)刻成的戒指，上面的柳樹葉花紋強化了戒指整體的東方味，至於設計師為何以柳葉代表東方，的確是個令人玩味的問題。

關鍵要點

設計開始時不要害怕嘗試較為前衛的點子，每一種可能都應該列入考慮。

*

按照設計大綱來篩選合適的形狀。

*

利用模型製作來評估最適合的幾個形狀，並由最後的比較，作出決定。

*

思考如何負空間形成的形狀或是加強作品的外觀。

簡單的影印樣紙可用來製作模型。

測驗不同形狀時，用熱塑性塑膠作成的模型。

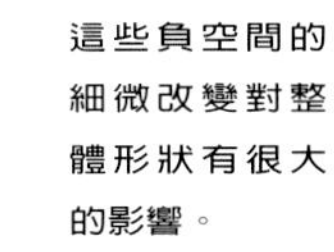

這些負空間的細微改變對整體形狀有很大的影響。

比例的改變可以讓作品的外觀產生重大的影響。

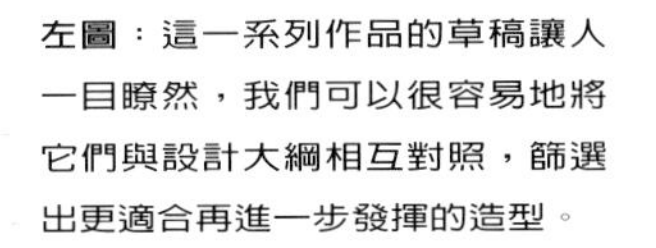

左圖：這一系列作品的草稿讓人一目瞭然，我們可以很容易地將它們與設計大綱相互對照，篩選出更適合再進一步發揮的造型。

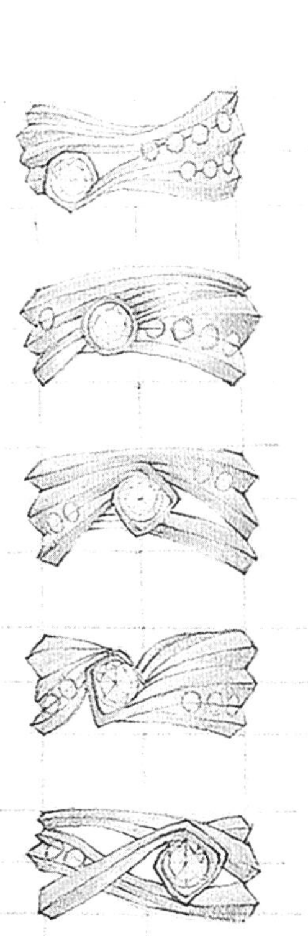

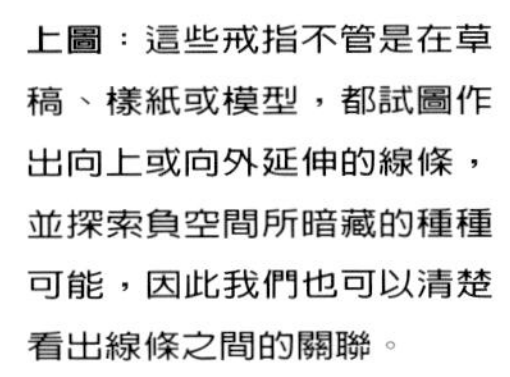

上圖：這些戒指不管是在草稿、樣紙或模型，都試圖作出向上或向外延伸的線條，並探索負空間所暗藏的種種可能，因此我們也可以清楚看出線條之間的關聯。

下圖：這些設計都從一個較為粗礦的基本形狀開始，然後在細部做些可拆的裝飾。按照各種需求或搭配不同服飾而隨時改變外觀。

設計師必須完全掌握形狀所傳遞的訊息，才得以分辨出哪一種形狀是切合這次設計的，也許太具侵略性（多稜角）、太粗糙（缺少細部裝飾）或太笨重。當這種情況出現時，不妨試著改變它的比例和外圍的輪廓，看看能不能變得較為美觀和符合設計主題的需要。

瞭解形狀的正、負空間所帶來的感覺是很重要的。本頁所列舉出的數枚戒指都非常重視負空間帶來的變化，它可使作品外圍輪廓呈現出時而柔和，時而強烈的調性。一般來說，戒圈內圍通常是圓形的，但是我們可以看到本頁中戒指的內圍卻都奇形怪狀，並沒有依循普遍的規則。將負空間的形狀一併列入設計的考慮，可以讓作品更加獨特與富有深度，就算以平面的角度來欣賞，也不至於太過平板。

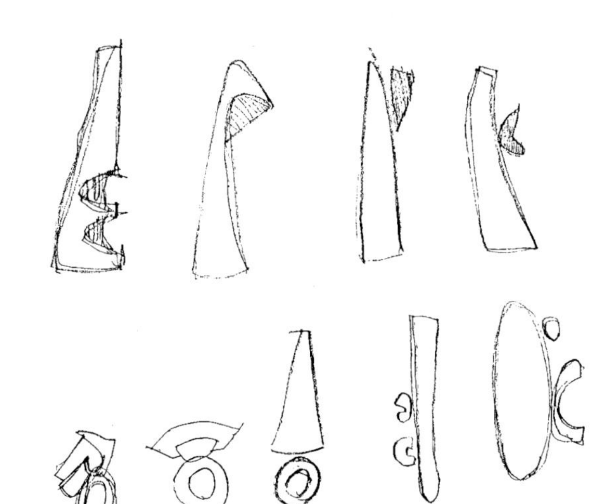

形狀：名家範例

“《公主》(Princess)這件作品中，基本的有機形狀和圓形，與女性體態之美相互輝映。材質、顏色和形狀必須處於和諧的狀態；甚至比例和所有的零件也必須協調一致。”

珍妮．索爾 (Jenny Sauer)

右頁：設計師在這件作品中企圖找尋一個形狀足以代表仙子那種女性化且纖細的姿態，因此便選擇利用圓形，一個完全對稱的形狀作為代表。背景的草圖即顯示對形狀嚴格篩選的過程。

《公主》(Princess)這件頸部裝飾的構想導源於十二世紀波斯詩人——尼札米(Nizami)的著作《七個公主》(The Seven Stories for Seven Princesses)，書中七個不同的故事代表七種相異顏色，以及分屬一周當中的某一天，甚至還各自以一顆獨特的星宿為名。而當中這款設計的靈感是來自於《七個公主》中，那個由印度公主所敘述的悲劇愛情故事。

八片仙子的圖形，在中央依序排列出花朵正含苞待放的模樣，並且是可以轉動的。這八片仙子圖形代表了故事主題中每個愛跳舞的仙子。象徵仙子的這個形狀是作者由她對仙子的主觀印象所發展而來的：女性、半透明、輕盈、發亮、愛跳舞、和花朵一樣美麗等這些概念組成。製作材質也經過反覆思考才決定，另外還加入了一些不同設計元素，諸如：黑鋼線與橡膠代表夜晚、藍玉髓代表土星、白水晶則是仙子身上散發的耀眼光芒。

右圖：這件頸部裝飾是利用玉髓、水晶和手術用的鋼線製作而成，並讓整個設計主體掛在黑橡膠繩上面。其中由負空間所衝撞出的圓形，彷彿邀請著人們進入作品的中央區域。

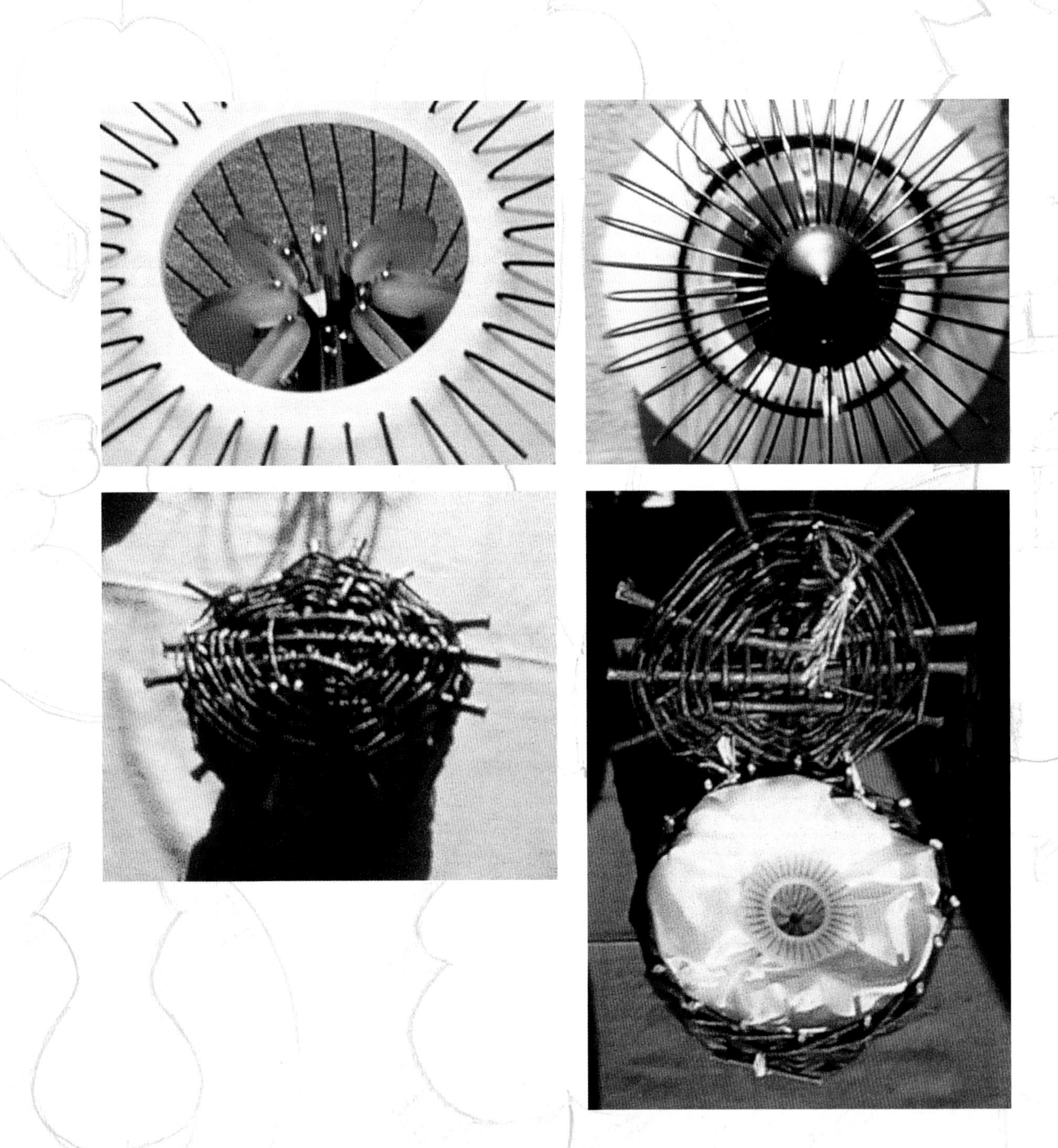

造型：概論

珠寶是3D立體的物品，而且其造型與人體的圓潤曲線息息相關。因此珠寶這種立體的呈現手法更可以帶來多樣性的視覺與觸覺體驗，讓我們從360種角度去玩賞。

由內到外

要區分一件設計的好壞，必須檢視作品呈現的細節。所以在設計過程中，務必得以各種角度觀察作品的造型，以確定其在不同角度的狀態都符合設計概念，如此才能提高設計過程的完整性。

觀察作品結構時，不光只由正面取鏡，一件傑出的設計，就連背面都可以增加作品的深度。

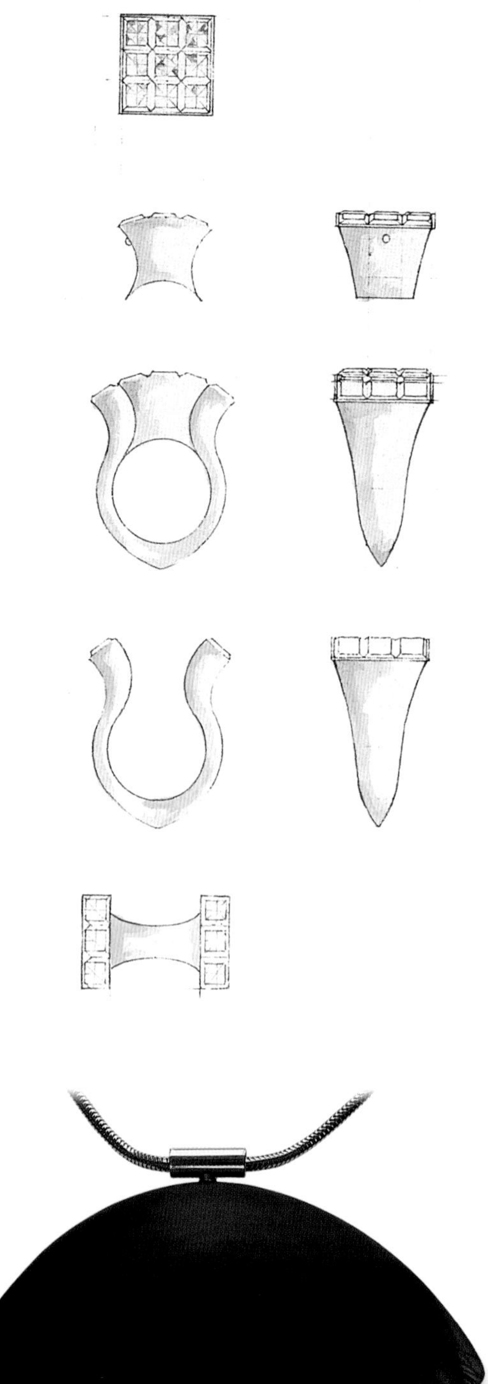

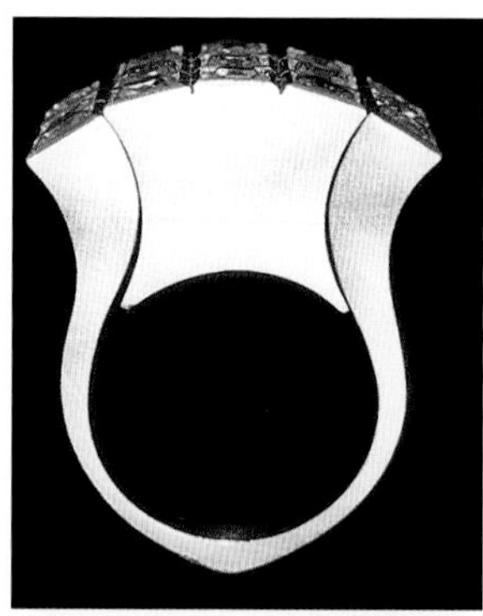

上、中、左圖：為了在開始製作前，再次確認作品不同角度的樣子，設計師在這些圖稿上畫出這枚同時擁有兩種組合方式的戒指。並分別標明它不同角度的樣子，還有組合完成後的造型。

上圖：這是個用彩色紙片圍繞而成的圓筒狀手環。因為紙片之間紮實地排列，所以由上往下看時手環的中心似乎就變成了圓椎狀，這樣的結構使整體設計更與衆不同。

右圖：這件樹脂墜飾利用立體3D結構來操縱其透明度。這塊極具曲線美的樹脂，由頂端而底部是厚實而逐漸削薄，最後以刀鋒狀的尖端「收尾」，而樹脂內部的紋路就會慢慢顯現出來。

左圖：設計師將一個體積較小的物件，隨意地擺放在大型外觀的銀戒中。無疑地，絕對能增添設計的深度與趣味性。乍看之下，像極了「分離式」的花苞與花蕊。

右圖：這些由銀線編織而成的空心立體結構，在線條（銀線）與空間（各銀線編織組成）創造出各式各樣的「造景」，端看我們以何種角度去觀察。作者甚至還用了少許銀片填入其中，增加作品的變化性。

下圖：這對銀戒開啓了設計師的新視野，找出3D立體造形可分別由線條組合或實體結構兩分面來表現的方法。當套上這對戒指時，鐘狀戒指就像是由線條組成的這枚保護著一樣，形成趣味十足的視覺效果。

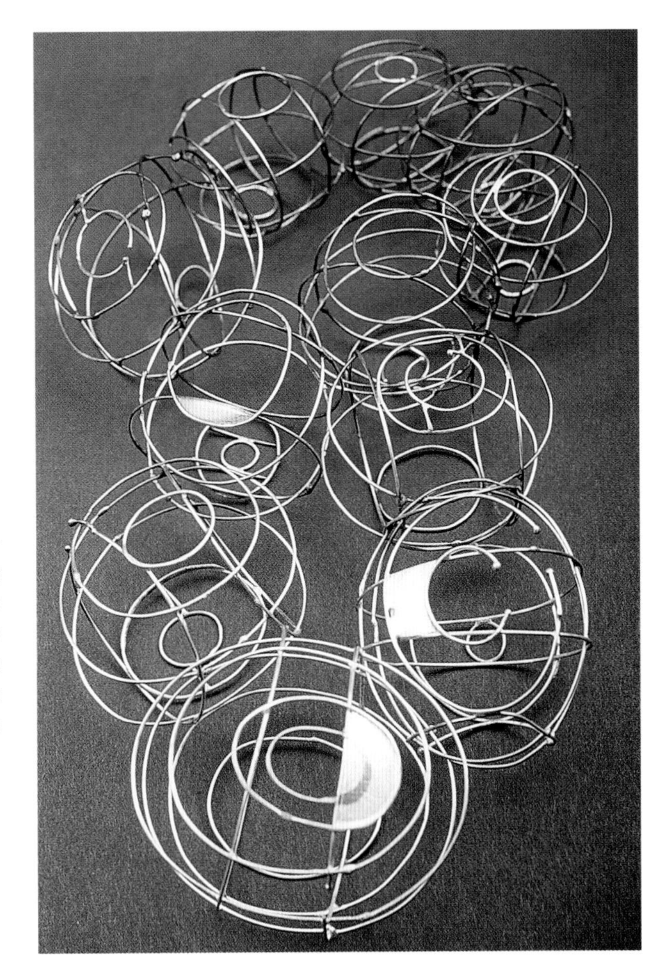

當人們得知原來作品背面「暗藏玄機」時，那種表情就像發現秘密一樣開心，當然也加深了對這件作品的印象。

從2D到3D

也許設計師會發現在設計之初，創作圖稿上的線條組合看起來很乏味，這是因為只從一種角度來思考的關係。因為立體的結構很難完整展現在平面紙張上，所以設計師必須要學會如何運用透視法畫出作品的立體造型。能夠把作品尺寸正確表現出來的三視圖是個挺不錯的選擇，它可從三種不同的角度來觀察這件設計，檢查各樣細節是否萬無一失。

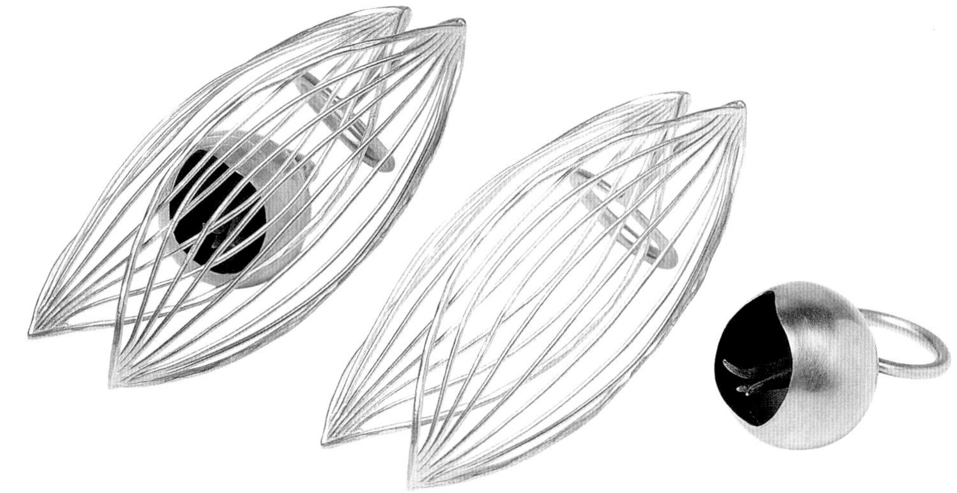

造型：實例說明

在電影或文學著作中，平淡無趣的角色是會被觀衆責難的。而同樣的情況也發生在珠寶設計領域。一件結構平凡且了無新意的造形當然無法吸引人們的目光。

造型的具體化

當我們被要求在腦海中想像一個立體造型時，多數人會立刻想到實心物體。模型製作便是用來增加對立體概念的方法，一旦對實體模型有了清楚認識，就可以利用它去發展下一階段的設計。或者也可以先在紙上畫出立體結構的骨架，再慢慢從骨架來推敲出接續的設計方向。

其實，立體造型不一定要用實心的物體來表達；像上圖這枚戒指運用骨架來表現各物體的「容積」，倒也是一個不錯的方法。

有時設計師會利用輪廓線來幫助自己想像立體的物件。輪廓線除了可以幫助我們看清立體結構外，還可以讓我們輕鬆掌握作品的內部空間。這是一種很棒的練習，能釐清內部空間和外圍輪廓的關係。

上圖：這款以鏽蝕銀線所編織的戒指模型，為立體造型下了一個獨創性的定義。而它所表現出的立體空間便是這枚戒指的主題。

關鍵要點

永遠讓設計在立體式的思考空間遊走。

*

訓練自己在紙上畫出立體造形的能力。

*

造型必須是流暢而富有變化的。試著去思考人體姿態和作品結構的多種可能。

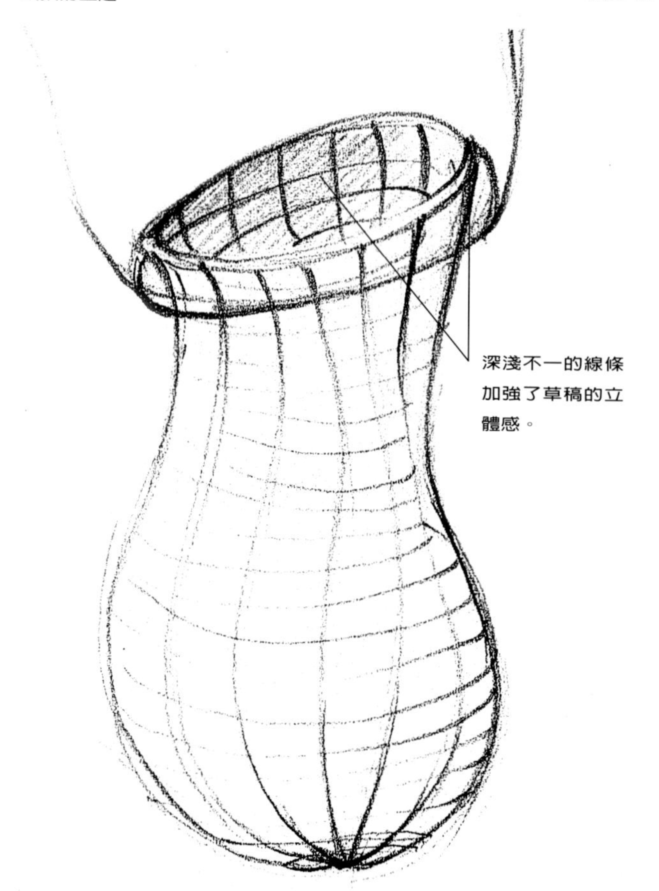

深淺不一的線條加強了草稿的立體感。

右圖：輪廓線清楚顯示出這件作品的波浪狀外型，作者也使用了透視法來展出作品的局部內在空間。

動態式的造型

設計一件活動式的作品可以讓佩帶者與作品產生更多變的連結，並增加其趣味性。就像下方展示的那條銀手鍊一樣，不同的擺置會讓人產生不同的視覺感受。當它被平放時，就只是一種平面2D的感覺；可是一旦吊掛起來，每一個小物件都可以自由地旋轉，完全擺脫了之前平面2D的姿態。

右方展示的兩個紅色與黑色手環也有異曲同工之妙。這兩款手環結合了堅硬金屬與柔軟材質的絲帶，因為絲帶是「管不住的」，也許是一陣風就能輕易改變它的位置，所以在佩帶者身上會不斷地改變姿態；即使是平放不動，每一次絲帶所處的位置也會有所不同。

絲帶的銀製尾端不但為絲帶作了一個美妙的收尾動作，它還是影響整件作品造形的重要巧思呢。

柔軟的絲帶不僅可以讓手輕鬆地穿過整副手環，還富有極佳的彈性能讓佩帶者稍微向上伸展。

左和上圖：有銀飾尾端的絲帶被放置在幾何造型的平面金屬框裡。絲帶總是隨意地倒向金屬框的中心點，所以每回靜止時，這兩款手環的造型看起來都不太一樣。

運用兩種屬性不同的材質可以激盪出顏色和質感的鮮明對比。

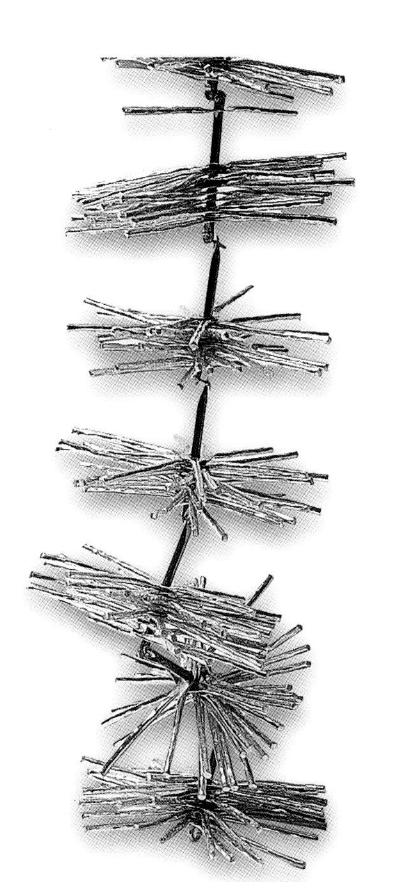

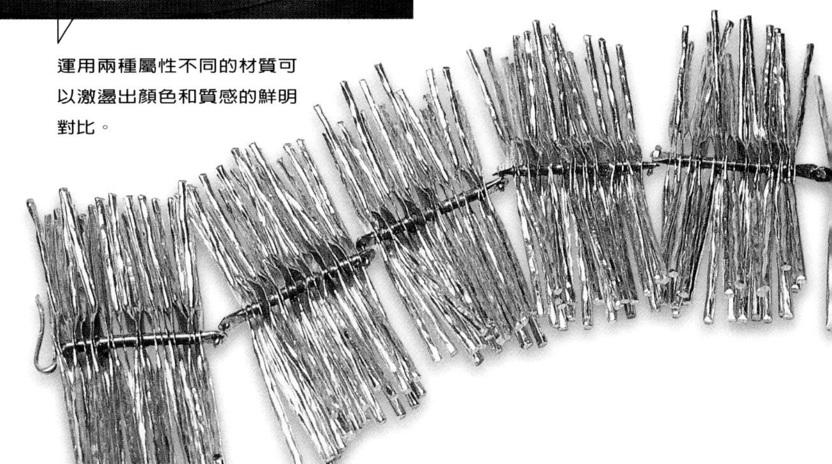

左和右圖：當手鍊被平放時，它如蛇一般地優雅；而被吊起時，它卻像層層排列的銀樹枝。

造型：名家範例

「這件作品的靈感是來自我最感興趣的馬，其中又以馬鞍最吸引我。經過深入研究後我才發現，馬鞍有許多不同的面貌，像是它的造型、重量、尺寸等等。」 **貝絲・吉爾摩 (Beth Gilmour)**

右頁：馬鞍是一個功能性與美感 兼具的物品，作者就因是由它獲得手部裝飾物的靈感。圖中的兩款項鍊和胸針採用皮革，包覆著數顆圓珠，並在皮革上劃幾道裂痕，使隱藏在下面的珍珠光澤透出。

馬鞍手環

馬鞍的形狀是按照馬的脊椎曲線設計的。它不但保護了馬的背脊，也讓騎乘者坐得更舒服。

根據貝絲・吉爾摩的自述，後來當她再騎上馬時，她發現放馬鞍的位置和馬背形成了一個相當有趣的負空間。於是她決定設計一件較為大型的珠寶，來探討類似的空間佩帶在人體上的視覺效果。

她決定將這件作品的佩帶位置設在手腕和髖部，因為那裡的弧度與馬鞍、馬背所構成的曲線有著異曲同工之妙，這件作品之所以要連結這兩個地方，除了可以產生一個充滿奇幻色彩的負空間之外，另一個原因就是，騎馬時，臀部必須在馬鞍位置上保持平衡，而手腕必須控制韁繩。但因為僅有一週的時間來完成這件作品，她便立刻決定，選擇聚苯乙烯(polystyrene，一種合成樹脂)為材料，並在表面塗上一層漆，之後再用沙輪機打磨，營造出一種冷硬的質感。

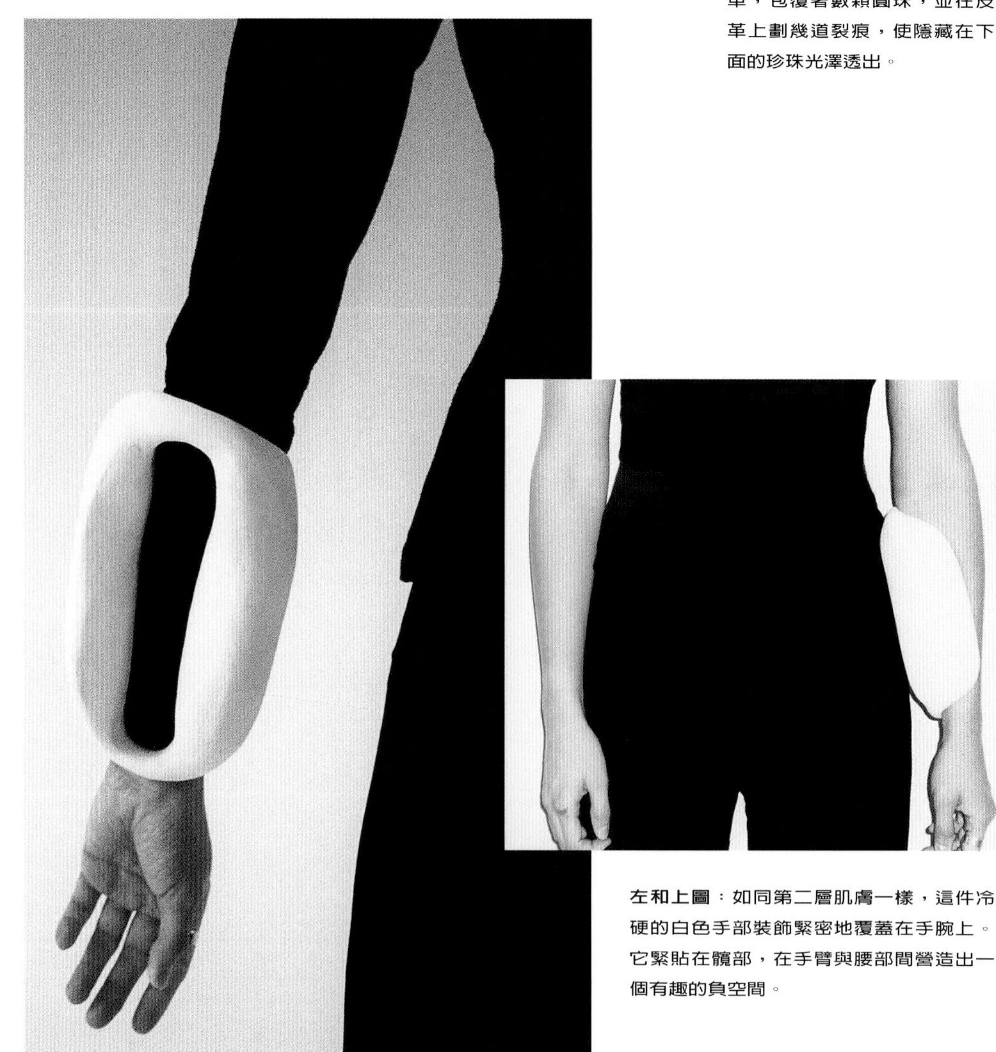

左和上圖：如同第二層肌膚一樣，這件冷硬的白色手部裝飾緊密地覆蓋在手腕上。它緊貼在髖部，在手臂與腰部間營造出一個有趣的負空間。

紋路與表面質感：概論

珠寶的最大作用在於裝飾，透過佩帶在人們身上，供人們把玩，珠寶才有其存在價值。因此珠寶就須滿足人類觸覺感官，當然它的表面質感也就非常重要了。一般來說，大部分的人都會認為珠寶的表面紋路與質感是決定觸感的關鍵要素，但事實上，它們在視覺上也佔了很重要的地位。表面的處理質感可以將平凡的作品提升到非凡境界，因為可以刺激觀衆的種種感官。

激發情感的紋路質感與材質

雖然多數人都覺得珠寶都應該使用具有光亮效果的鏡面處理，但除此之外，還有許多有趣的紋路與質感，不該被忽略。即便材質堅硬的金屬是製作珠寶中最常使用到的一種素材，但經過特殊技法處理後，它也能擁有看似柔軟、天鵝絨般的細滑觸感。

大多數珠寶製作的素材都可以讓我們有機會去探究質感。

右和下圖：屬於紋路質感的創作來源總有無限可能，它可以來自大自然，也可以是人造品。視覺和技法筆記就是記錄此類靈感的輔助工具，方便未來設計時仍能作為參考。

右圖：以染色過的紙與搓細的毛氈製成這件擁有華麗質感的頸部裝飾。由於它特殊的質地、顏色和結構，以及使用了一些較為不尋常的材質，讓人有種想上前觸摸的衝動。

但在選擇材質時，得先要注意它是否適合作品的佩帶時效，估算看看是一個月、一年、十年、還是一輩子。為什麼呢？因為每件設計作品都有它獨特的訴求，也許是實用性，讓人們可以在四季任意搭配服飾。也許是趣味性，那麼就得視場合佩帶了。還記得嗎？五十八頁中提到的那款連結手腕與髖部的大型珠寶，我們就無法時常佩帶它，它單純是件綜合趣味與欣賞性的珠寶，當然在製作時必須考量材質是否可以長時間保存。佩帶時效，指的就是這麼一回事。

視覺語言

我們對紋路與表面質感的認知，有時是來自視覺感受，舉例來說，當我們看到一件作品的表面氧化了，或許只是因為天氣溼熱而產生綠銹(patination)，但第一個直覺絕對會認為這件設計作品必定年代久遠了。因此建議設計師們不妨利用這種直覺反應來刻意營造作品的「古早味」。可以使用一些特殊技法，來製作出一些代表某種事物或情境的表面質感和紋路，增強整體的設計概念。就像是銀質的表面可以用蝕刻(etching)方式來製作出微微凹陷的條紋。先將條紋的部分鍍金(plating)，然後再氧化，類似虎皮的花紋就此完成。雖然它的觸感根本不像毛皮，但是視覺上仍會把這樣的紋路質感與毛皮聯想在一起。

上和右圖：這件別致的鑰匙形狀手環運用了綠銹法來強調作品上頭的刻字，另外還營造出一種古老的感覺。而那件狀似鎖孔的戒指上，綠銹還有著截然不同的「功能」，它的線條既能成為觀眾的視覺焦點，又強調了圓的形狀。

右圖：這件設計簡單的胸針，它的紋路使人自然聯想到染色絲，作者運用鐵絲和綠銹法來仿造出木目金技法的質感。

關鍵要點

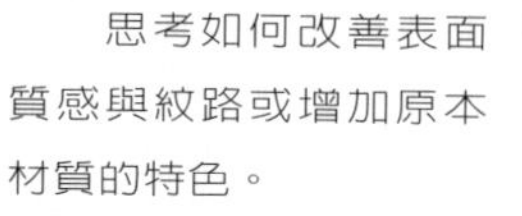

思考如何改善表面質感與紋路或增加原本材質的特色。

*

運用素材表面質感與紋路特性可以避免如鏡面拋光技法會凸顯作品瑕疵的問題，還可以將作品細緻化。

*

有時表面紋路並不能長期處於完美狀態，這時就必須思考如何延長作品的壽命及如何有效保護。

紋路與表面質感：實例說明

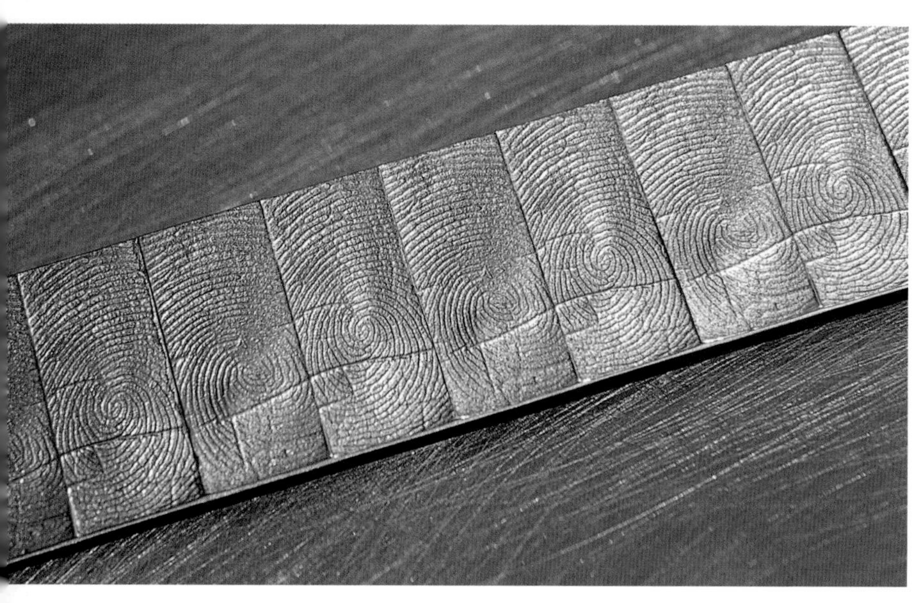

左圖：左邊這款胸針的表面紋路，讓人直接聯想到人類的皮膚與滑膩觸覺。這是一個表面質感與設計概念相輔相成的好例子。

表面質感是個迷人的議題，不管對觸覺或是視覺來說，它都擁有極大的魅力足以迷惑觀衆。基於此，任何的表面處理都得經過深思熟慮，絕對要避免隨意而未經深入瞭解的決定。

右圖：這副手環的設計運用了「容器」的構想，易損壞的表面質感刻在手環內側，以期受保護。不過因為使用了透明材質，這些紋路仍清晰可見。

下圖：這件有著隱藏式鈴噹的墜飾滿足了視覺、聽覺、和觸覺三種感官享受。

引人入勝的質感

人們常會覺得自己所佩帶的珠寶可以代表自己，屬於一種個人的延伸。甚至有時會發現，若是經常習慣性地把玩某件佩帶已久的珠寶，會產生一種溫暖安定的感覺。基於這個因素，右圖墜飾巧妙地運用了人們對觸覺的莫名「引力」。這件作品著重質感的強烈對比，主體部分的冷硬型態與底部圓頂型的結構，兩者有著截然不同的差異。主體部分僵直的工業化線條看起來很有「份量」，而且其形狀可以成為一個握把，與手完美地貼合；底部的圓頂型則略帶活潑，一個個凸起的點狀物對觀衆而言，是種新奇的觸感。作品的內部還藏著一個小鈴鐺，增加了聽覺上的刺激。

冷硬的線條展現出一種工業式的質感，但看起來還是會讓人有一種想觸摸的感覺。

這些凸起的紋路，是這件作品另一個視覺焦點。

實際的考量

設計師必須考量所採用的材質表面是否能為作品加分。要記住，鏡面拋光技法最難表現質感，除非必要，否則使用紋路特性可以避免一些問題，例如，不致突顯作品瑕疵。

雖然採用表面紋路處理可以避開上述問題，但是要注意清潔與佩帶時的位置。因為製作程序的關係，有時候紋路部分無法再作仔細清理（否則會破壞作品的其他部分），另外還有與身體摩擦的地方也要特別小心，因為佩帶一段時間之後，紋路會有磨損的情況。

有時候，表面紋路質感雖最難保持，但卻最能顯示設計概念。因此創作概念必須藉表面質感彰顯時，設計師就必須評估它的可行性，然後實際地考量如何讓這種質感持久且完整保存。本頁所展示的作品也都透露了一些解決方案，來正視這個棘手的問題。並且將其解決方案完全融入作品的設計。

這些經過稍微鍛敲後的鬚狀銀片，使視覺上的層次、對比更加明顯，同時，對手環上的編織效果也有著輔助作用。

這些類似編織的線條，在顏色與紋路上充分表現了交錯之美。

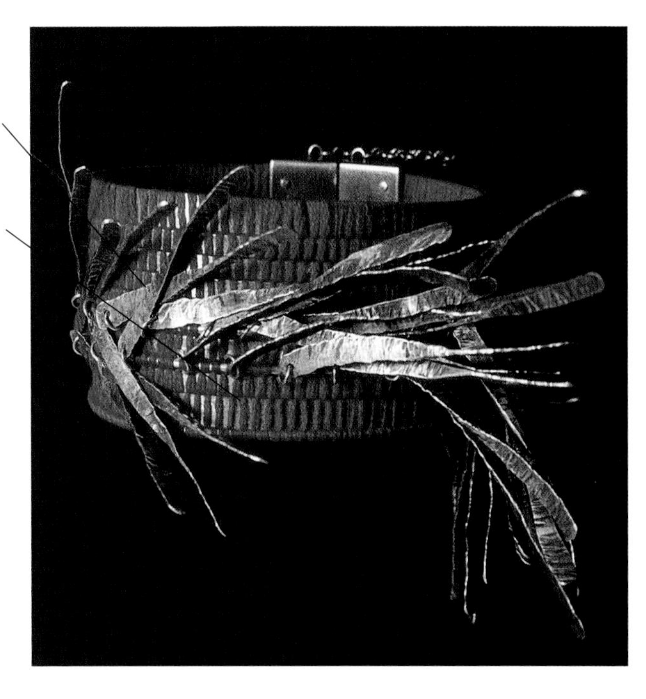

右圖：染有顏色的線和鍛敲過的銀片，兩者製造出對比的紋路強化了視覺張力。

左下圖：這件名為《旋轉銀河》(Rotate Galaxy)的銀戒在表面處裡上使用了東方的漆器技法，它突出的銀邊不但在某種程度上保護了易損壞的漆器表面，同時也加深了設計圖案的線條。（作者：陳國珍／台灣）

下圖：這一系列戒指的表面紋路，同時具有裝飾和保護兩種功能。

此處利用拋亮並使其突出，因此讓紋路的更加清晰，且由於刻痕清楚，所以較不易被磨損。

刻紋凹痕處的白色是因為剛剛結束酸洗步驟：與之產生顏色對比的是經過拋光所產生的亮銀。

紋路與表面質感：名家範例

> 我發覺人類所具備的特有能力——冥想與專注思考，在目前這個科技迅速發展的大環境下已經逐漸退化了。人類已經變成一種失去耐心的動物。

米卡拉．約普（Mikala Djorup）

右頁：上圖銀項鍊與銀手鍊的白色表面是經由火煉而成。因為作品表面還有些許的刮痕，看起來就像是一件粗糙、未完成的創作。但是經過佩帶，作品與皮膚所接觸的地方會經由白色表面底下的光亮金屬透過身這種「互動」，使作品與佩帶者產生緊密的連結關係。下圖的項鍊中，銀與塑膠製的橢圓形片看似規律地排列，但是將之垂掛在脖子上時，這些橢圓形片會隨意地散落在肩頸之間。頁面背景是展示作者在素描本中對於作品紋路與質感的試驗。

小白花戒指

這款戒指的靈感是來自於周遭的動態、發現和重複的思考。設計師以這款需要與人們產生「互動」的作品來挑戰眼前逐漸失去耐性的社會。她希望透過某種互動來增強佩帶者與作品的關係。佩帶時，每一朵小花都會隨著佩帶者晃動的手而左右擺動，並發出微弱的碰撞聲響，這樣一來，這個屬於手指的迷你「花園」就誕生了。時間一久，佩帶者對這些晃動的花朵自然也會產生一股熟悉的感受。

戒指的表面紋路是由不斷重複的小花造型所構成。由於小花的大小、排列次序、高低都不同，因此才能透過佩帶者的手部晃動而造就一個趣味十足的表面質感。這款戒指的目的，就是希望由手部的動態來打造一種出人意表的驚喜。但由於這類的動態很細微，佩帶者可以獨自欣賞，或是與他人分享。

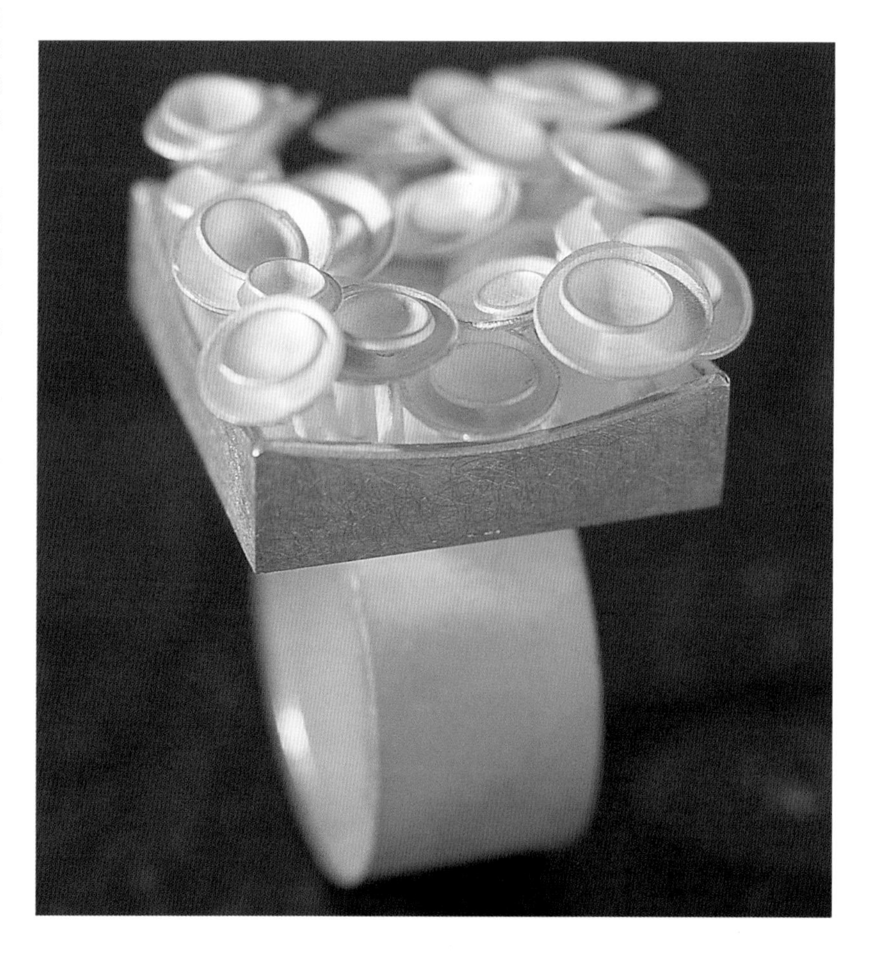

右圖：簡單的幾何造型是這款戒指的設計基調，無論是表面質感、紋路、觸感與簡潔的造型，在在都強烈感受到這件作品的魅力。

色彩：概論

顏色堪稱一項作品中用來吸引人們注意力，最直接也是最有效的元素。以屬於視覺性生物的人類來說，影響其對於週遭環境刺激的關鍵莫過於顏色了。因此，它自然也能為珠寶增添內涵，更能為凸顯作品的獨特性加分。再者，如果設計師對同樣一件設計可以用各式各樣的色彩來呈現，既為自身創作製造出不同的趣味，更可滿足顧客的多方要求，或者結合當季流行的顏色，以其創造豐厚的珠寶商機。

傳統與創新

在前幾個世紀中，珠寶的製作素材大都以金屬為主。因為即便是以各地不同的文化來看，珠寶也均象徵財富與地位，當然製作素材多半使用貴金屬，如金和銀，以顯示華麗奢靡的視覺感受。所以當時作品的多彩度，皆以寶石、有色的珠子鑲嵌其中，或是琺瑯的方式製作。當然也會使用如種子、羽毛、或是其他顏色鮮豔的物品，但這些材質大多為經濟情況差，無法負擔貴金屬和寶石的設計師所製。但科技迅速發展的今日，珠寶設計有較多種類的顏色與材料可供選擇。在一九八○年代，鈦金屬(titanium)曾一度蔚為風尚；而塑膠則是打從問世之後，就被持續運用在珠寶製作上，其地位可謂歷久不衰。由於塑膠比鈦金屬的可塑性更強，鈦金屬便很快地遭到珠寶設計圈淘汰。

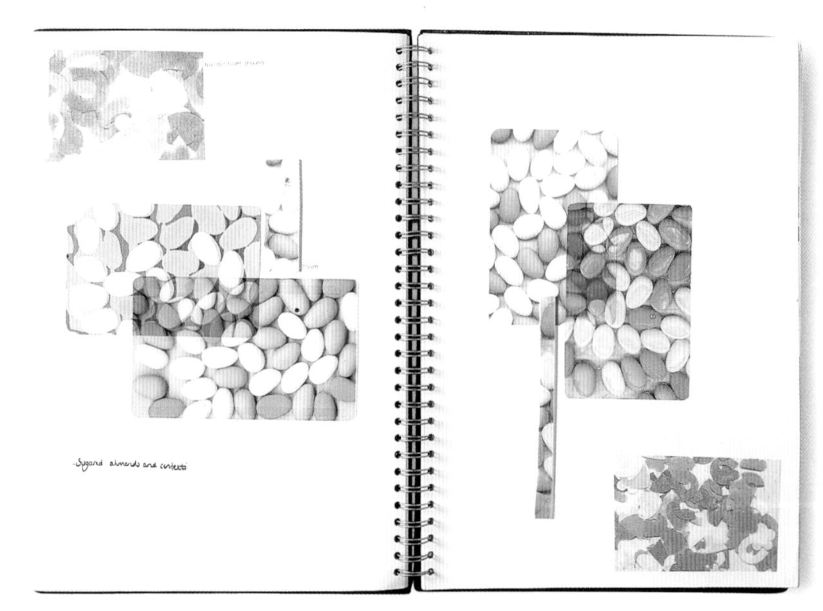

上圖：這些視覺筆記中所收集的杏仁糖圖案，它們極富春天氣息的顏色可供設計師往後在創作流行飾品或結婚珠寶時使用。

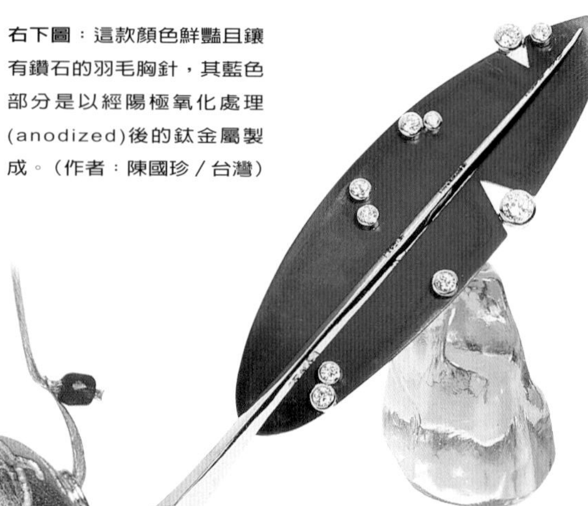

右下圖：這款顏色鮮豔且鑲有鑽石的羽毛胸針，其藍色部分是以經陽極氧化處理(anodized)後的鈦金屬製成。（作者：陳國珍／台灣）

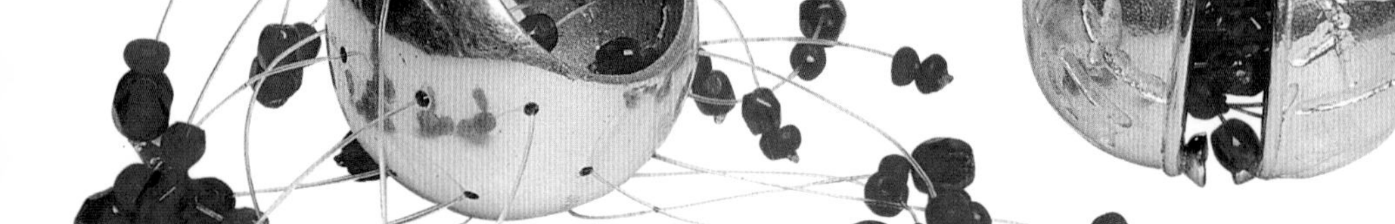

左圖：加上一些色彩鮮豔的珠子後，這對銀墜飾的造型變得更為特別了。

左圖：以透明、半透明和不透明的綠色樹脂作出這些曲線俏皮的形狀，並串成這條頸部裝飾。而當黑色尼龍繩穿過透明與半透明的綠色樹脂時，也增加了整件作品的視覺深度與色彩變化。

右圖：這款充滿少女活潑氣息的手環，是由數個裁成圓形的彩色紙片與銀結合而成的。而橘、紅、和粉紅色紙片分別穿插在不同位置，以增加色彩的變化。

許多設計師不斷利用新材質和新技法，而研發出各種具高度獨創性的色彩「調配」方式。

色彩語言

人們對不同顏色所產生的感覺與聯想，都是很「個人」的。但是，有幾種顏色對多數都會產生相同的感覺，也就是說它們有特定的「個性」。舉例來說，藍色代表寧靜，而紅色代表衝動、熱情或情慾。文化也在人們對不同顏色的感覺與聯想中，具有舉足輕重的影響。西方的新娘不太可能穿著紅色禮服；但是中國的傳統新娘禮服卻是非紅色不可一樣。那是因為中國文化裡，紅色代表著吉祥和喜氣，並與宗教關係密切。

在西方文化中，顏色也可用來代表四季生命輪迴：輕柔的淺色調代表春季與美好青春，濃烈和鮮豔的顏色代表夏季和成熟，灰暗色調則代表了秋季與老年，最後，白色和已褪色彩則代表冬季和死亡。

瞭解各種顏色在社會約定俗成下代表的涵義，可以更瞭解應如何與其他要素，如結構和形狀等作正確的整合，讓觀眾更容易對你的作品有深一層的認識。

右圖：設計師在這些有趣的豆莢狀結構中，使用了各種不同的鮮豔色彩，而與不起眼的外觀顏色形成強烈對比。這一個個小豆莢就像是被人們不經意發現的驚喜一樣，贏得驚嘆連連。

色彩：實例說明

瞭解色彩對作品所呈現之視覺觀感的影響力，是每位珠寶設計師的必修課程。如果顏色使用得當，將成為作品強而有力的「發聲筒」，也提升作品層次。

改變顏色的影響

使用顏色的態度不應該是隨性而欠缺思考的。選擇顏色前，應該要先深入研究以瞭解各個顏色所帶來的差異性。好比說，不透明的顏色遠比半透明的顏色來得強烈；而漸層色彩可能意味著某種動態或流體結構；倘若只有單一顏色，視覺上會有一種靜止停滯的感受。但漸層色卻傳遞出的跳動活潑，似乎也暗示著自然的蓬勃生機，而深淺一致的大地色彩，則給人穩定祥和的感受。

因此，設計師絕對需要花時間研究不同的顏色，嘗試濃淡深淺的變化對作品在視覺平衡與美觀產生的影響。這裡所展示的視覺筆記就讓我們更加明瞭。即使是在設計之初，也不能忽視對色彩的探究。

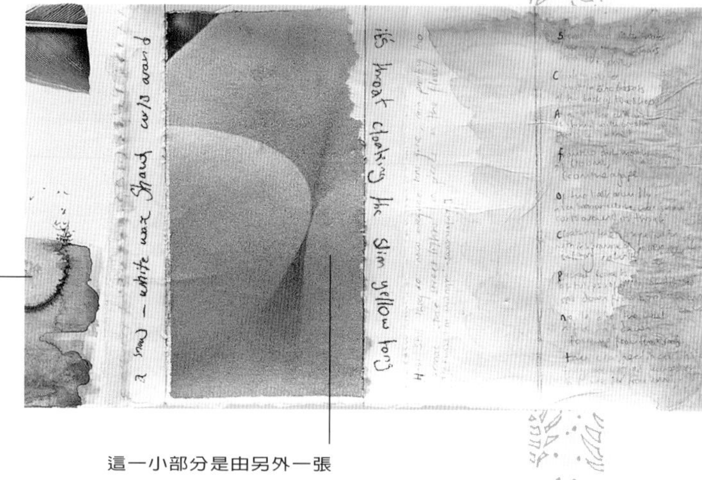

這些由灰藍與黑色墨水，再加上羽毛所造成的特殊暈染效果，竟和右方的柔和色調融為一體，真是令人訝異呢。

這一小部分是由另外一張大圖所擷取而來，它主要在表現同樣顏色的深淺變化可帶給人的怡然感受。

這些如釦子的小玩意與下方彩圖有著相似的色調，也許日後可將它們運用到設計中。

設計師還在彩圖左方記錄了一首帶給他創作靈感的詩詞。

這小部分的對比彩度，使整張彩圖顯得更有趣。

右和上圖：這些被收集在素描本或視覺筆記中的色彩研究，可讓設計師歸納出不同顏色組合的視覺感受，並能更深入地研究如何選擇適當色彩運用到珠寶作品中。顯眼的紅色很容易吸引人們目光，且代表熱情和力量；反觀柔和的粉色則可撫慰人們的心靈，也展現出一種寧靜平和的氣氛。

關鍵要點

在現代珠寶設計中，由於材質的選用並無一定規範，所以在顏色的選擇上可說是無限寬廣的。

*

作品的表面質感也有可能影響顏色原本所經營出的氛圍。例如，拋光處理過的表面所反射出的光，與霧面質感，對顏色的影響就完全不同。

*

改變顏色的深淺與多寡，即可輕易地「翻轉」顏色的「本性」。

使用傳統與另類的材質

自古以來，琺瑯就是一項普遍的珠寶上色技法。但是，要靈活運用卻並不容易。因此，在製作成品前，最好先花些時間作出數個實驗樣品，以確保可以更清楚且確實地將自己在設計稿上所選定的顏色與主軸概念表現出來。也許這聽起來很麻煩，似乎得花費不少時間，但是以長遠的角度來看，卻是種最能節省時間與精力的做法。

為了增加可選擇的顏色範圍，設計師不妨也考慮看看是否使用一些屬於其他領域的另類材質，使自己的作品獨樹一格。像是室內裝潢中常用的塑膠貼片與塑膠薄膜；或是服裝、家飾布中大量出現的流蘇或是蕾絲花邊。這樣一來，不但能增加顏色的多元選擇性，也提高了作品的變化度。不管是使用琺瑯技法或是染色紙來上色，要判定作品有無創新，是傳統珠寶或是現代珠寶，端看設計師選用的製作方法中是否加入現代感的設計元素。

右圖：這兩件同系列的胸針可顯示相異色彩對作品的影響。上圖橘紅色胸針所使用向上凸出的鑲嵌技法，正呼應了此顏所給人的印象；而下圖淡黃色胸針使用向下凹陷的鑲嵌技法，則呈現出此顏色予人的柔和感受。

上圖：一位優秀的設計師選用顏色時是經過深思熟慮的，他會仔細考量各種顏色營造的作品觀感。像在這款頸部裝飾中，顏色並不會搶了質感與結構的鋒頭，且讓整件作品達到視覺平衡。

下圖：此款珠寶可說是結合了屬性堅硬與柔軟的素材，即金屬與絲絨。也不啻是種藉由不同材質而產生視覺深度的好方法。另外，其中長短不一的紫色流蘇似乎為這件作品帶來了跳動的生命力。

這是一件名為《山邊晚霞》(At night the mountain range glows red)的作品。其如幻影般的質感是利用琺瑯技法將兩種顏色巧妙融合所形成。

由反覆加熱的方式，將硼砂從珍珠白變為清澈的海水綠。

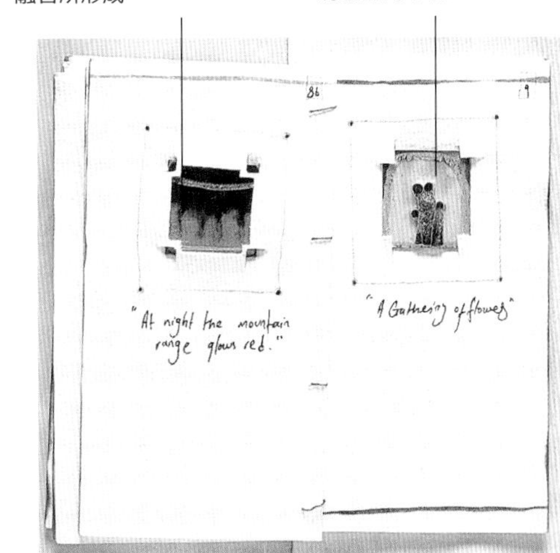

右圖：這些收錄在技法筆記裡的琺瑯實驗樣品，可使我們充分了解各種不同的色彩組合所造成視覺感受，還可藉此熟悉琺瑯技法的製作。

色彩：名家範例

“壓克力(acrylic)是一種很棒的材質。我最初就是對它的這項功能——具豐富色彩以供選擇而深深著迷。我最近在創作一款與光源結合的作品中，就是利用壓克力作素材，把所要表達的童心概念完全展現出來。”

亞當．帕森 (Adam Paxon)

右頁：在許多亞當．帕森的作品中，都以別具風格的佩帶方式提高作品價值，而任何一種佩帶方式也會視作品的造型來決定。這些珠寶可當做戒指、胸針或是頸部裝飾來佩帶，而且都在適當的地方加上了鮮豔的色彩。

可圍成圈的戒指/胸針

這些作品將壓克力的特質展現得淋漓盡致，經過設計師的巧手，一層層的型塑之後，不同顏色將會相融，進而產生一些新的、鮮豔的顏色。亞當．帕森掌握了光的特性，創作出一些能把光線「鎖住」，或是光線會投射到皮膚、衣服上的作品。

作品表面有濕瀾，可以映照出粼粼波光的質感。這樣的特色可增加色彩變化，而且似乎象徵著某種蓬勃的生命力在表面流動，並即將成熟。這些作品的外觀結構，有些形狀就像野地生長的怪異植物；而有些卻塑造出像會突然由衣服布料中竄出的錯覺；有些就像即將在佩帶者肩上跑來跑去。

在設計師推想作品外型的過程中，形狀是不斷演化，直到作品看起來像「可以被佩帶的產物」為止。胸針的針頭部分是獨立的，且是包含在整體造形當中，這樣才不會讓觀衆不清楚作品外觀所要傳遞的設計概念，也為這類兩用珠寶的結構增強一些說服力。還有，作品造型的「律動」讓人聯想到小動物呼吸、發抖或進食的動作；在某些角度看來，作品甚至還帶有些許的性暗示。

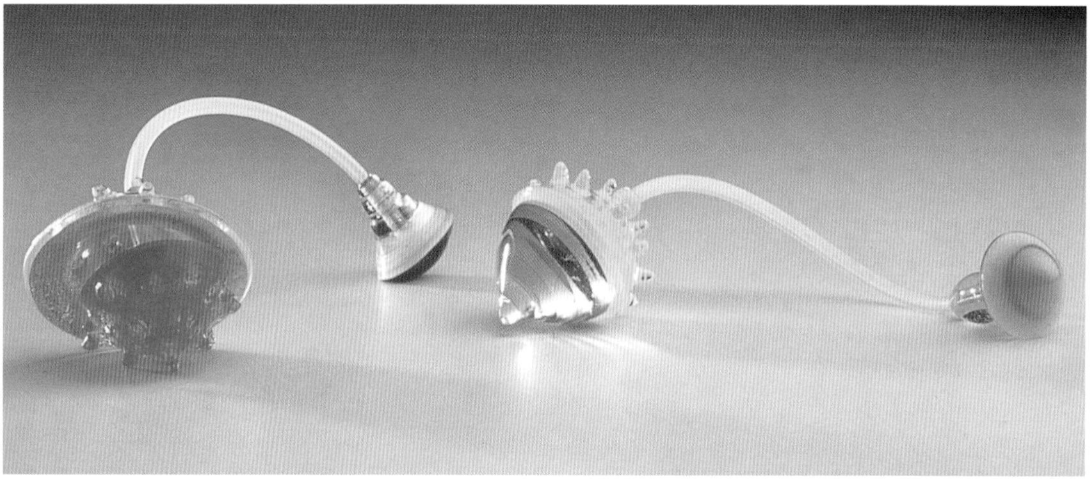

上頁：兩用式珠寶——可作戒指或胸針佩帶，它的外型甚至能引導佩帶者與觀衆走向一個具暗示性的情境當中，讓人禁不住想：白色管狀物是否有輸送意味？又是輸送什麼呢？

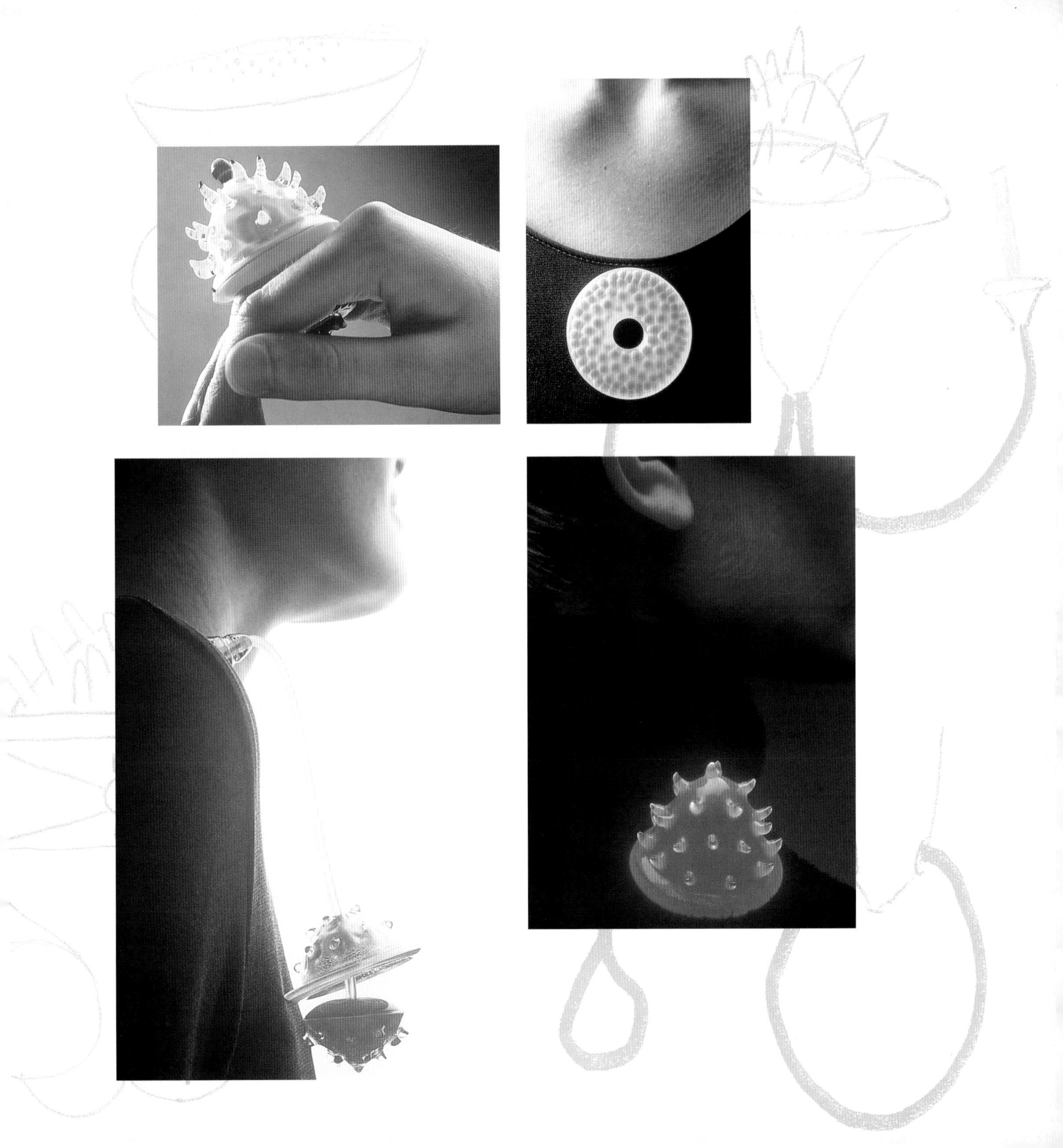

五種感官：概論

別忘了人類有五種不同的感官：視覺、聽覺、觸覺、味覺和嗅覺。珠寶雖只與其中幾樣有著較為明顯的關聯，但若是在設計之初，能把五種感官全部列入創作的考慮事項，也許會得到令人意想不到的結果。

味覺、嗅覺、聽覺

味覺極少被納入設計構想中，但也有一些抽象概念性的作品曾以它為主題，藉此說明味覺是一種短暫的，並不能長久流傳。

右圖：這幾件作品是少見的夾式戒指，其佩帶方式如同穿夾腳拖鞋一般，得用手指緊緊夾住戒指。佩帶者甚至可在長管中塞進絲質布料，並滴少許香水，打造私人的嗅覺空間。

左下圖：這些銀質墜飾佩帶時會輕輕碰撞，發出悅耳的聲音。由於每個墜飾皆為手工製作，發出的聲音不盡相同，因而造就獨特的敲擊聲響。

下圖：這款一系列造型特殊的戒指，每一枚戒指都包含一種精心挑選的食材，讓珠寶設計的主要概念也能滿足人們的味覺感官。

除了味覺，設計師亦常忽略嗅覺經驗。但是我們不需將它摒除於設計之外。在幾世紀以前，曾出現許多珠寶式樣的芳香容器，容器裡裝有薰衣草、玫瑰等芳香植物，用以掩蓋如體臭等不好的氣味。

而聽覺則是常被加入作品中的一種感官元素。各個物件相互碰撞，會發出不同的聲音，不過設計作品中得盡量避免尖銳刺耳的聲音出現，而用悅耳動人的聲音取代。或許下次就以聽覺為作品主題吧，讓它不只是設計的附屬品而已。

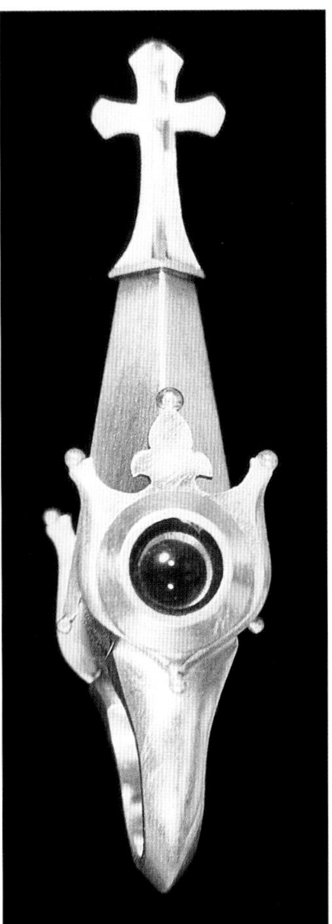

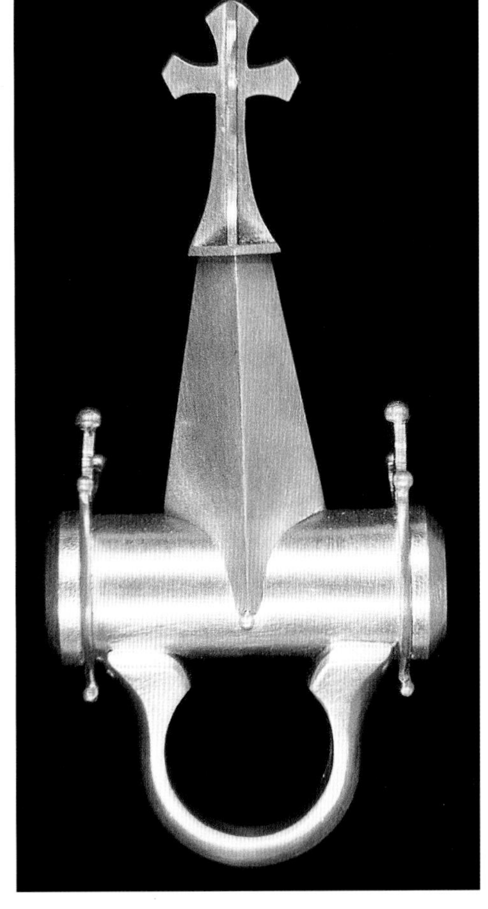

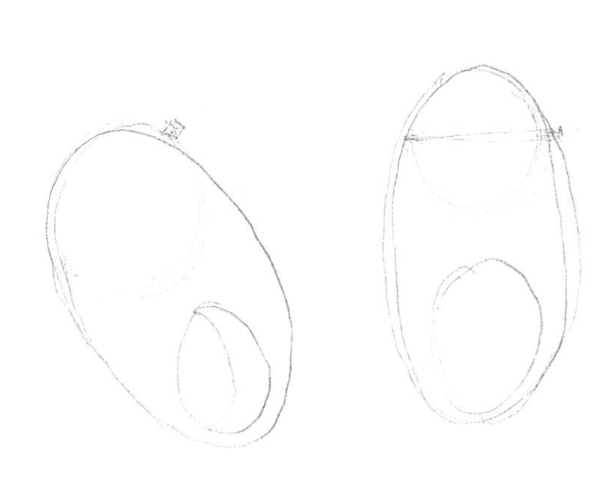

左和上圖：設計師想設計一枚關於「誘惑」的戒指。剛開始的想法是左圖那個挑逗意味濃厚的舌頭造型，但最終的設計反而是上圖這個有著教堂外觀的戒指。將視線往上移一點，那戒指兩端的小孔即是「誘惑」所在，它讓人有股想要朝戒指內窺看的慾望。另外，戒指內部還有個描繪亞當和夏娃的精緻玻璃小窗。

視覺、觸覺

珠寶作品對觀衆視覺的衝擊，可以說是設計師中最需要特別注意的。如果設計師無法讓作品吸引觀衆目光，那根本就不太有機會去觸碰或撼動人們其他的四種感官。

作品的觸感也是主要的環節，它可以決定觀衆對作品的看法，佩帶時的舒適感也十分重要。舉例來說，戒圈的內圍通常使用拋光處理，目的就是避免佩帶者的肌膚被粗糙表面刮傷。雖然撫摸帶刺的物品，讓人覺得很不舒服，不過如果經過特殊處理，也許可能會有充滿驚喜的感受。

五種感官：名家範例

“這些造型大膽的幾何作品，象徵人類的五種感官，每件作品其實都代表其中的一種感官。即便每個人對感官的反應都不同，但對我來說，「感官」就等於調查和發現。”

蘇珊．波特 (Suzanne Potter)

右頁：設計師在這枚名為《偵察之眼》(Eyespy Ring)(左上)的戒指，中央安裝了很小的鏡子，小到只能看見自己的眼睛。而這對帶有指紋，名為《壓力點》(Pressure Point)(右上)的耳環，則使人聯想到耳垂。另外，《把握聲音》(Holding Noise)(左下)的這只對戒，使用以打擊樂器的基礎音調。設計師甚至在這對有著小碗外型的耳環(右下)中，放入每天食物中都會出現的糖與鹽，這使人不禁想問：到底哪一邊是糖？哪一邊是鹽？

調查和發現

這些作品的靈感來自龐雜的資料，包括從寧靜的大自然到實用的機械造型。在設計師藉助這些資料組成設計理念之後，所有的想法都進一步發展成抽象結構，用來反映富現代感的外型。

作品中的活潑頑皮特質，是很重要的元素，不過佩帶者得親自與作品互動，才能揭發隱藏的秘密。這種「互動體驗」在此系列設計作品中是很重要的一環。其實每件作品都有獨特的互動方式來刺激人們的不同感官。我們種種的情感、思想與渴望，都是由不同的官能感受激發，若將這些為人熟悉的五種感官放進特定的環境中，便能讓人更正視這些平日被乎略的感受。

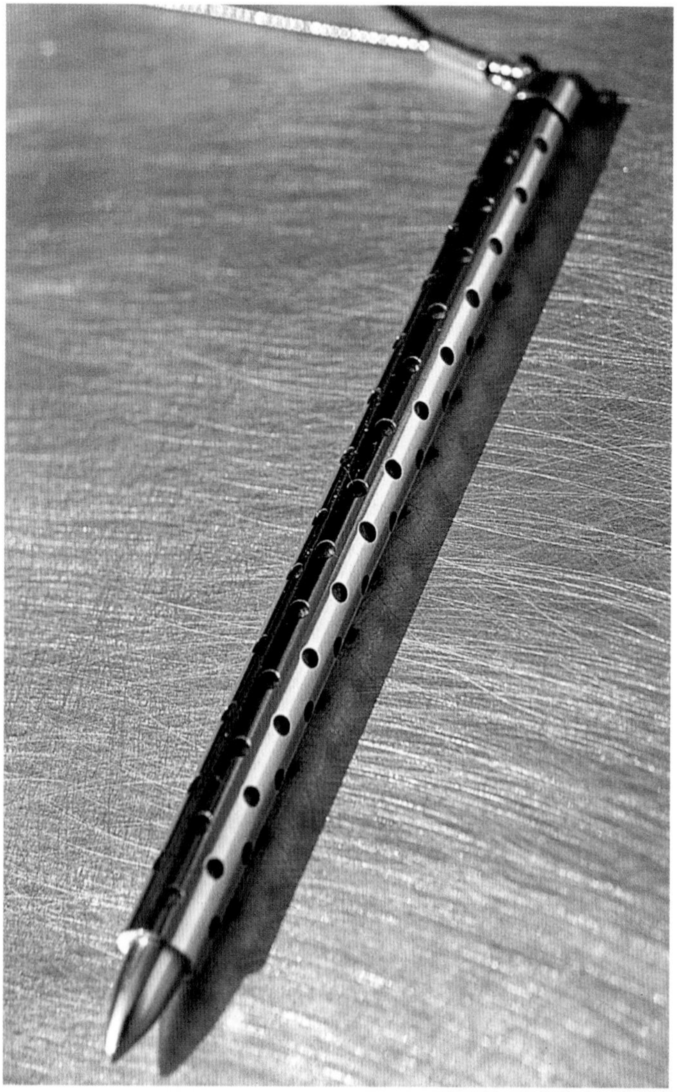

右圖：這款名為《檸檬陽光》(Lemon Sunshine)的墜飾中，藏了一捲滴有檸檬精油的毛氈布料，精油散發出一股清新且振奮人心的味道，讓我們彷彿置身在陽光充足的熱帶島嶼。有趣的是，它的造型卻是由垃圾車的排氣管延伸而來的。

VORTEX
LOOP...
cross body
white metal : 1 x 158 x 20 mm

情感：概論

長久以來，珠寶都是用來打動人們深層情感的一項媒介，因此整個珠寶設計史上，許多作品都釋放了人們的真實感受，如尊敬、恐懼、快樂、歡喜、或悲傷等感覺。

恐懼

有些感覺是非常私密的，但也有些情緒是大多數人所共有的。舉例來說，幾乎許多人都有「蜘蛛恐懼症」(arachnophobia)，就算是不怕蜘蛛的人，在毛茸茸的大蜘蛛面前也會渾身不對勁。若在設計中加入一些令人害怕的元素，有時反而是吸引目光的好辦法。原因在於，多數人對感到恐懼的事物雖然不喜歡，卻仍有種想要一探究竟的矛盾慾望。

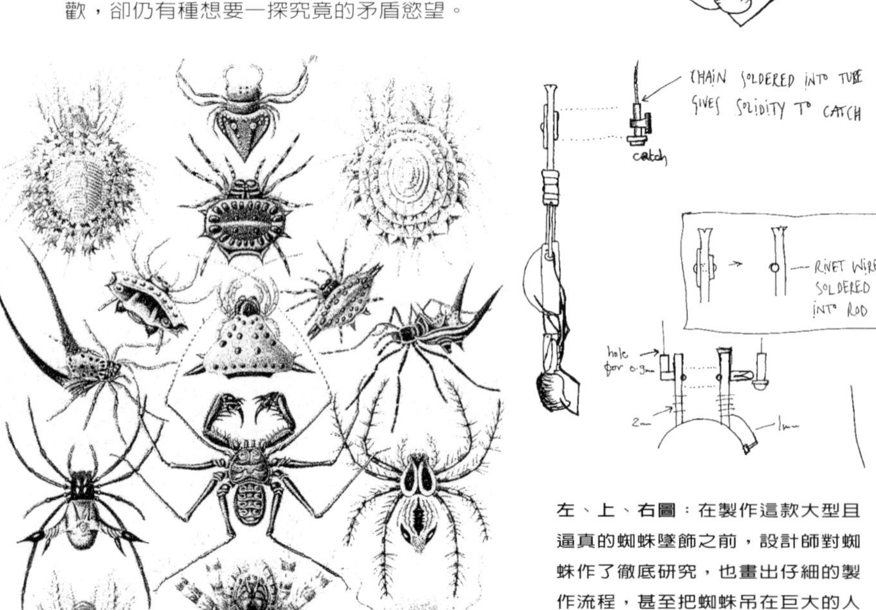

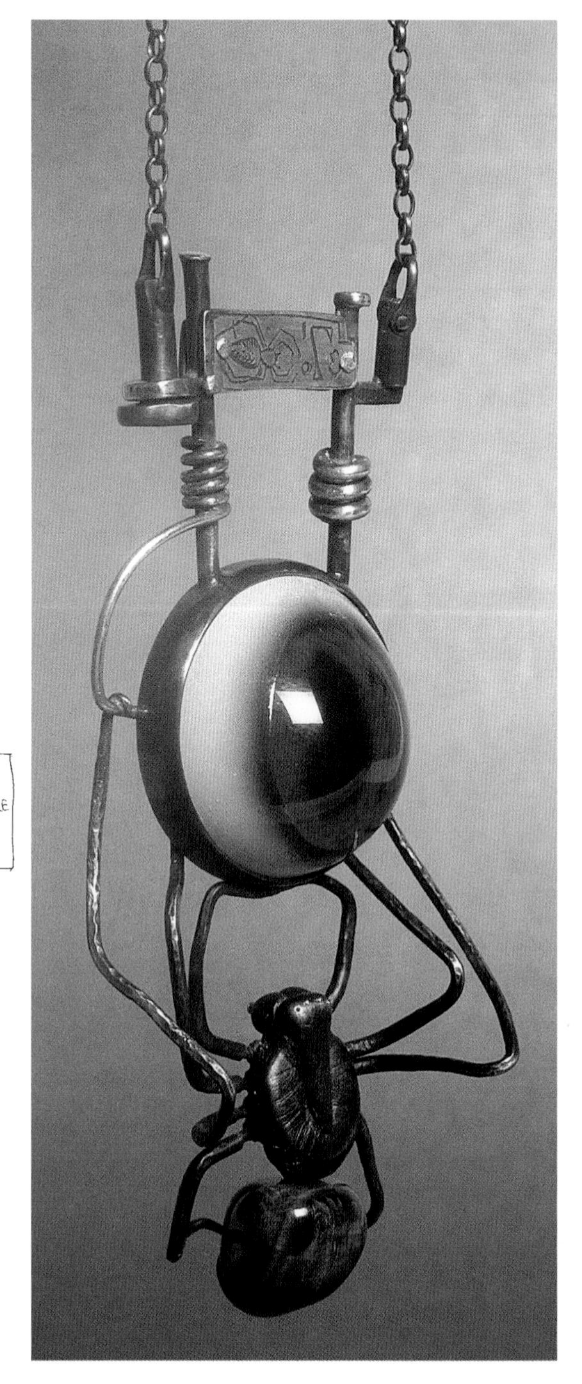

左、上、右圖：在製作這款大型且逼真的蜘蛛墜飾之前，設計師對蜘蛛作了徹底研究，也畫出仔細的製作流程，甚至把蜘蛛吊在巨大的人造眼珠下方。這樣的設計很難不引起觀衆的注意。

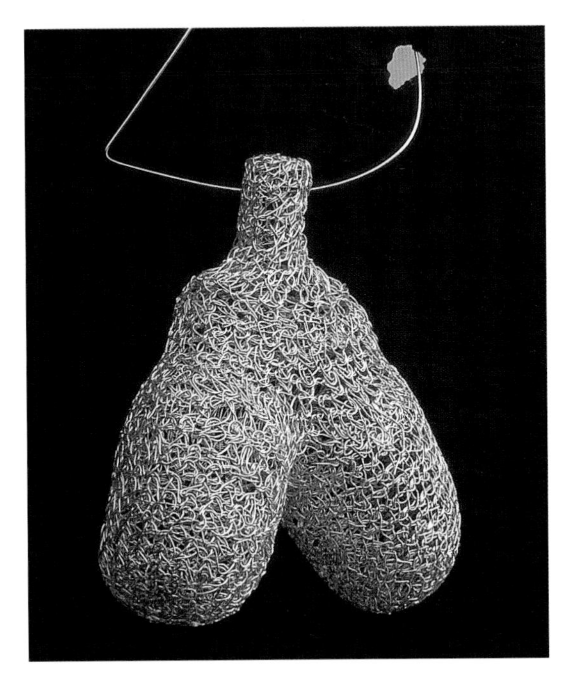

左圖：這件用銀線和鋼線製成的作品外型已經點出它要表達的意義，而作品名稱就叫《珠寶》(The Jewels)又進一步挖苦這項事實。這是件具煽動與嘲諷意味的作品。

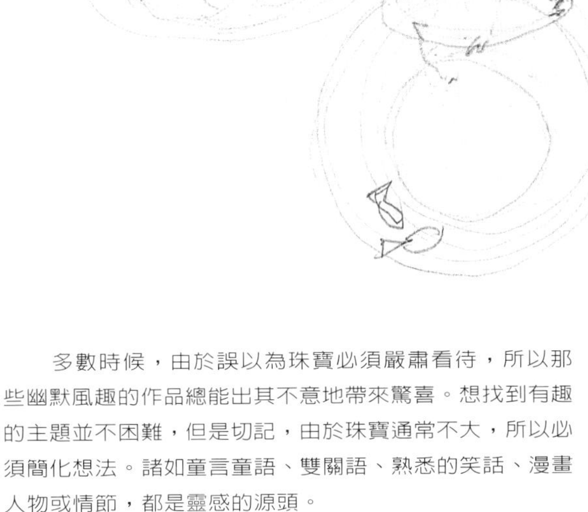

右圖：此為兩枚戒指的設計圖：右下是一隻正在缸邊抓魚的貓，左上則是一隻人面魚。如此天馬行空的構思，想必設計師對生活和珠寶的態度也是十分隨性。

上圖：大多數人應該都會喜愛這三隻看起來小巧可愛的兔子，但名為《三人行》(Menagerie à Trois)卻使它帶有一絲性暗示。不可否認地，幽默感總在意料之外發生。

幽默

幽默感是另一個常被用來表現珠寶的人性特質。一件具幽默感且能使人會心一笑的作品，通常是很吸引人的。

在每珠寶設計中，總有許多方法能讓人開懷大笑，你可以把可引人一笑的珠寶當作一種視覺戲謔或笑話。有時候，作品的名稱能神來一筆地為所開的玩笑作出交代，或是成為有輔助「笑果」的關鍵語。不過有時觀衆並不會注意作品名稱，所以就必須表現出笑點，讓大家能一眼就識破作品的幽默所在。

多數時候，由於誤以為珠寶必須嚴肅看待，所以那些幽默風趣的作品總能出其不意地帶來驚喜。想找到有趣的主題並不困難，但是切記，由於珠寶通常不大，所以必須簡化想法。諸如童言童語、雙關語、熟悉的笑話、漫畫人物或情節，都是靈感的源頭。

情感：名家範例

> 雖然作品對我而言是非常私人的，可是我也樂見人們對作品有不同解讀。並成為大家談論的話題。我對自己最大的期許，就是有朝一日要設計出一款有趣的珠寶。 **莎拉．葛拉維森 (Sarah Graveson)**

右頁：此為《太空漫遊的小狗》系列的延伸，中間那款胸針名為《海莉．托斯》(Haley Toesis)。這個名稱是個有趣的雙關語，而且名稱和造型也彼此的呼應。(譯註：Haley Toesis 與 Halitosis〔口臭〕諧音)其他兩件帶點實驗性質的作品，也同樣點出小狗的個性與生活。

《狗會幻想追著流星跑嗎?》

這系列作品的靈感是來自一隻叫做萊卡的小狗。五〇年代時，牠被蘇聯政府送上太空。設計師便將這個事件與腦海中時常出現的電影場景結合；最後的成品是一隻太空狗——腳套反重力靴、頂著頭盔、帶著氧氣筒漫遊太空，愜意地乘著流星到月球遊玩。這一系列《太空漫遊的小狗》(Dogs in Space)的作品中，主題由最初的太空漫遊，一直到探討小狗與週遭環境的依存關係。

自從莎拉養了小狗，她的生活因為出現新夥伴而產生劇烈變動，帶給她許多創作上的衝擊。後來，她決定將這些有趣的體驗成為她珠寶設計的重要材料。所以她便開始研究狗，利用錄影帶、博物館內的繪畫素描、照片與相關文章，了解狗的習性、外貌等等特徵。因而誕生這款《狗會幻想追著流星跑嗎?》(Do Dogs Dream of Chasing Comets?)的胸針，主題設定為小狗所好奇的事物，像是直昇機、球、蜜蜂等等，並加上設計師自己幻想的小狗夢境。

右圖：這款色彩鮮豔與妙趣橫生的胸針，不僅讓狗主人莞爾一笑，也會使其他人覺得非常新鮮。

HUMM.BUZZ
H.STICKS.

功能性：概論

要成為一位優秀的珠寶設計師，應該對所有相關事項作通盤的考量，包括材質和技法等。作品中任何可能的狀況都需要考慮清楚後再作決定。功能性也不能摒除在設計之外。

創新的解決方案

設計品的功能性，有時非常容易解決，以項鍊為例，加上扣頭就大功告成了。但在某些情況下，研發功能卻是種挑戰。比方說，要製造一枚碰觸某個機關便會冒出火焰的戒指，那麼這個機關該如何設計，必定就是令設計師頭疼的問題了。

如果作品中包含數個機關和許多較特別的功能結構，設計師就必須規劃出各種不同的解決方案，並對它們作一番詳細的研究。譬如，以「扣」這個構想為設計主要概念時，不妨去收集所有與之相關的扣頭方式：像是釦子、安全別針、鎖、和門閂等等；而這些資料將會增加設計的多樣性。

右圖：這款胸針的針頭部分不但具有類似別針的功能性，也對作品的整體設計、平衡與美感有加分作用。

收集資料時，如果只在珠寶設計領域中尋找，可發揮的空間將非常有限。為了增加設計元素的變化，不如試著從不同領域找尋所需的情報。像上一段討論的扣頭型式，就可以由餐飲、服裝、甚至是工業界中尋覓參考資料，然後再想想如何將點子轉換到珠寶設計中。

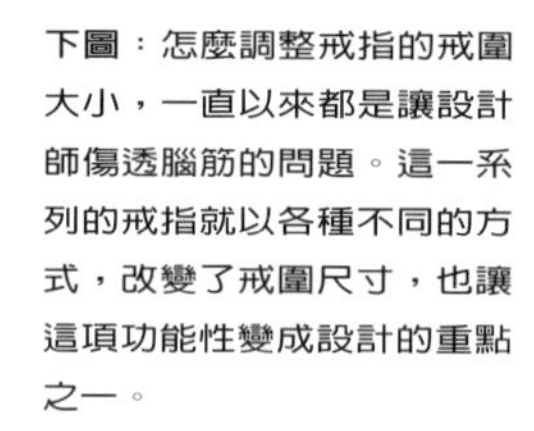

下圖：怎麼調整戒指的戒圍大小，一直以來都是讓設計師傷透腦筋的問題。這一系列的戒指就以各種不同的方式，改變了戒圍尺寸，也讓這項功能性變成設計的重點之一。

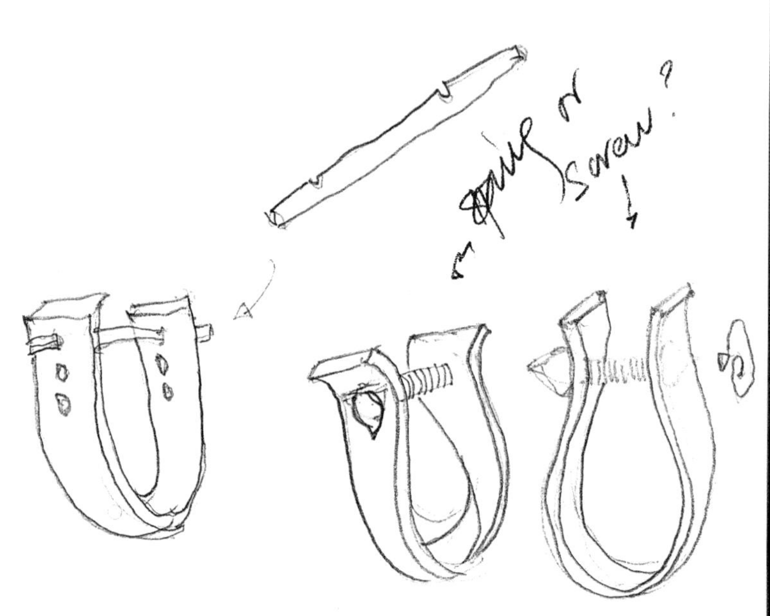

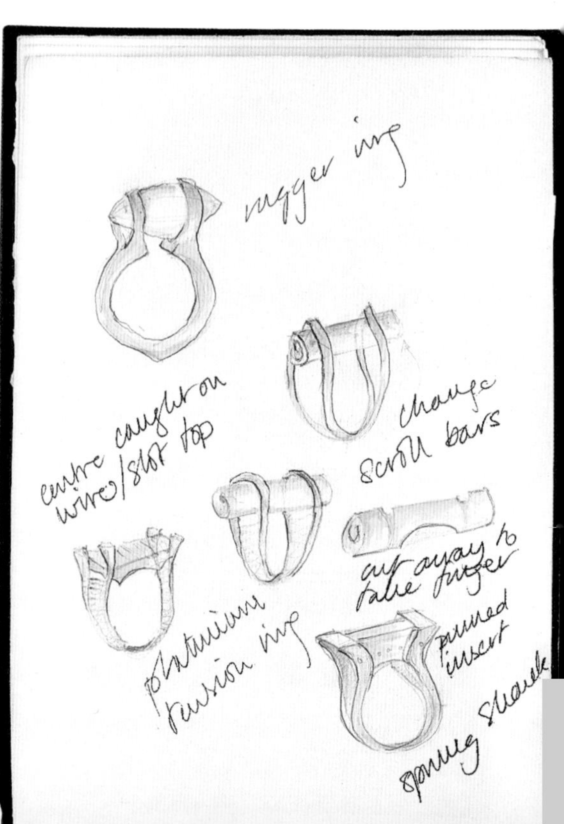

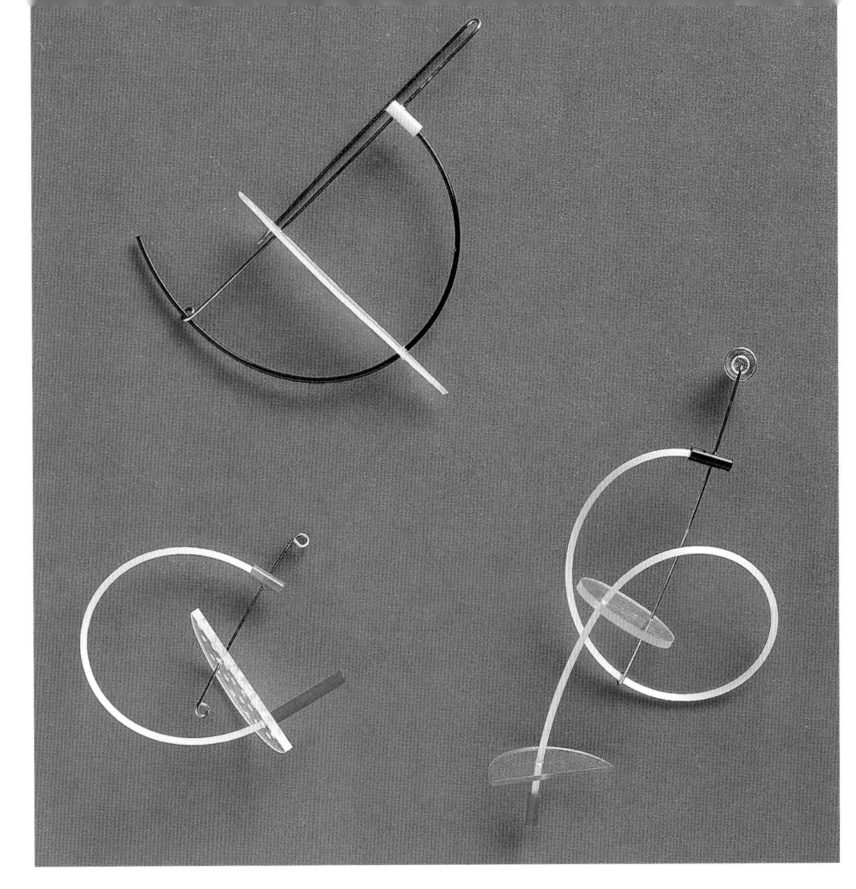

上圖：在這幾款胸針中運用鋼絲，是設計師一項很大膽的突破。它們不但彰顯了別針的功能性，更強調出設計的圓弧造型。

功能與美感

在設計當中加入的一些功能性物件，不僅是提升其實用價值而已，更能確保製作過程能圓滿完成。例如某件作品想製作空心的效果，就必須在作品上鑽通氣孔，才能避免在焊接時因內部空氣壓力而造成作品爆炸。即使鑽的孔很小，但為了美觀，最好能將通氣孔變為設計的重點之一，免得因此讓作品的評價大打折扣。

為使作品能正常佩帶，設計師都會選擇隱藏具功能性的製作細節（如鑽孔），但是要這類功能性的製作細節，不是每次都很容易的。最好的辦法就是將這部分融入整體設計，不但省去思考該如何隱藏它的麻煩，也提高了作品層次。

左圖：瞧瞧這款銀與壓克力製成的胸針，其簡單隨性的別針部分，無疑是提升設計美感的最佳助手。別針部分甚至還具備展示架功能，未佩帶時，這款胸針也可算是個小巧精美的雕塑品。

上圖：這件旋渦狀的作品源於設計師所喜愛的某個益智遊戲。它的佩帶方式即是讓觀衆隨意作成自己喜歡的形狀，並利用魔鬼粘(velcro)將它固定在衣服或頭髮上。

功能性：名家範例

“我很在意佩帶者與作品的關係，我對不同的佩帶方式與人們所產生的連結互動十分著迷。我很喜愛研究一些造型簡單的「機關」，並創造出一些新穎的作品扣頭或佩帶方法。”

莎拉．梅．馬歇爾 (Sarah May Marshall)

個人化容器

無論是在外觀類似藥丸的空心圓形容器作品中，放置了一枚需要保護珍藏的人造種子，或者是貨真價實的植物種子，甚至豆莢，另外創作內部使用的顏色，多少也讓人感覺到是引自莎拉的出生地——千里達的傳統風貌。兒時的生長經驗是她充沛的創作靈感來源。所有的構想也都經過不斷地實驗與刪修。

由於每件作品的背後都有個清楚的設計主題，外觀造型最好力求簡潔，才不會模糊作品所要展現的基本概念。另外，作品的外型均得經過設計師仔細地思考，避免多餘的裝飾。而功能性的物件正是這款作品最重要之處，不但滿足珠寶的實用價值，也增添了作品的美感與深度。

右頁：任何構想都得經過圖稿上的推衍與實際樣品的製作，直到完全符合當初制定的概念。上圖名為《溝通性裝飾》(Communication Accessory)的作品反應出佩帶者的情緒。內含的彩色膠片會依照佩帶者當時的心境改變顏色：藍色表示寧靜、黃色帶有警示意味、綠色表示忌妒、而紅色為情慾象徵。下圖不同形狀的容器則是設計師當初實驗之作。

左圖：這件鍍金的銀質圓球狀作品有著鋼質機關，目的即是用來開啓圓球容器。它不僅能當胸針佩帶，也可當成藥丸盒來使用，放置一些如頭痛藥的必備藥品，好提醒病人們得按時吃藥。

材質：概論

以目前來說，已經沒有材質無所謂的禁忌。今日在設計領域中所重視的，是材質的使用是否適當。是否與主題相關聯、處理方式能否提升質感與價值等，當然，還有作品是否能讓人愛不釋手。因此，就算是塑膠、紙、絲帶、錫等價值較低的材質，只要處理得宜也可以盡情置入設計當中。

傳統的材質

如果問及哪種珠寶材質最能代表珠寶，大概千篇一律的回答都是「貴金屬」(noble metal)，即黃金或是鉑金。這種根深蒂固的想法，自然有其淵源，因為從古至今，珠寶代表者財富，並象徵著佩帶者的社經地位。

而之所以會使用黃金或鉑金為材料也其來有自。這兩樣金屬在精純、未經過合金程序的狀態下屬於非活性金屬(inert metal)。表示當它們與身體接觸時，不會產生氧化等化學變化。由於前述兩種原因，再加上它們的稀少性，才讓貴金屬材質成為製作珠寶的首要選擇。

右圖：戒指表面是用酸洗後的銀來處理，其中還包括了一些可強調色調對比的黃金作為裝飾。

左圖：這兩枚戒指經過精密的製作過程，使它們擁有類似柔軟絲帶的飄逸美感。其中銀色的戒指是使用鈀(Palladium)為製作素材；它是一種很少用在珠寶製作的材料。而另一枚金色戒指則是以黃金製作，一種傳統的素材。

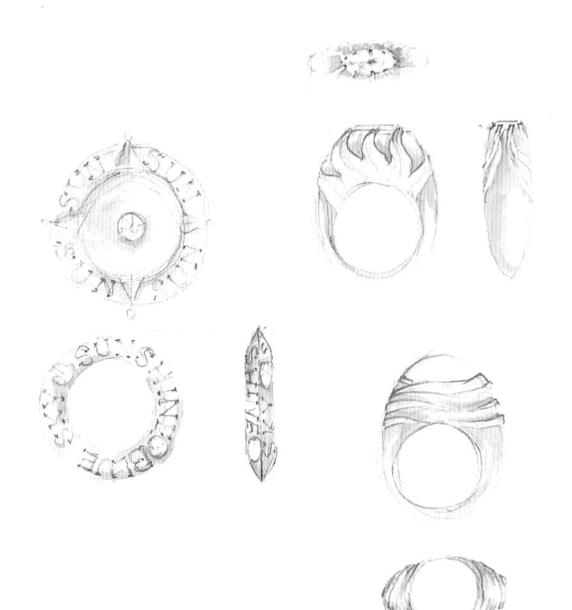

左和上圖：珍珠與黃金通常都會被用來代表太陽，而鑽石則象徵多變的月亮。在這數個設計當中，有一組特地刻上了「太陽、陽光、藍天、月亮」幾個字，為用以解釋主題。不過其他幾個設計就只以使用的材質代表主題。

若負擔不起黃金，通常會使用銀作為珠寶素材。雖然銀的產量並非十分豐富，但比起黃金，確實比較容易取得。即便銀會氧化，會有鏽蝕的可能，但不會在與身體接觸時發生化學變化，適合多數人佩帶。

縱使純金與純銀的屬性非常柔軟，但通常不會直接拿它們來製作珠寶。關鍵在於它們良好的延展性(ductile)與可鍛性(malleable)，若無經過合金提煉的程序，作品極易變形。

天然與象徵性的材質

幾世紀以來，天然材質多半用作裝飾，或是為金屬上色時。甚至許多的古老文化中，某些材質的價值是在於它們所象徵的涵意。像是珍珠在中國文化中代表了龍的眼淚，它有著悲傷的暗示意味；而玉則被認為是幸運物，由於佩帶玉時，玉本身會因人體體溫而產生溫熱感，所以人們便相信它能為自己帶來好運氣。

某些時候，材質所象徵的含意也與其強韌度有關。舉例來說，蛋白石被認為是不祥之物，原因是它的高含水量，增加了製作流程中鑲嵌的難度，倘若於暖和的天氣製作，那麼無法將蛋白石牢固地鑲嵌在台座上，又若天冷時製作，蛋白石卻很有可能由於熱漲冷縮的原理而掉出台座。其他的天然材質，例如水晶，許多人都相信它可以幫助身體康復與淨化心靈。設計師須瞭解自己所採用的材質背後隱藏的象徵意義，以便能讓設計的意圖更加明確。

上圖：錫板是珠寶設計中並不常見到的製作素材。在這件作品中，設計師將它與金箔、鉑金箔作了個精緻的搭配，打造出一條光彩耀眼的金色鍊子。

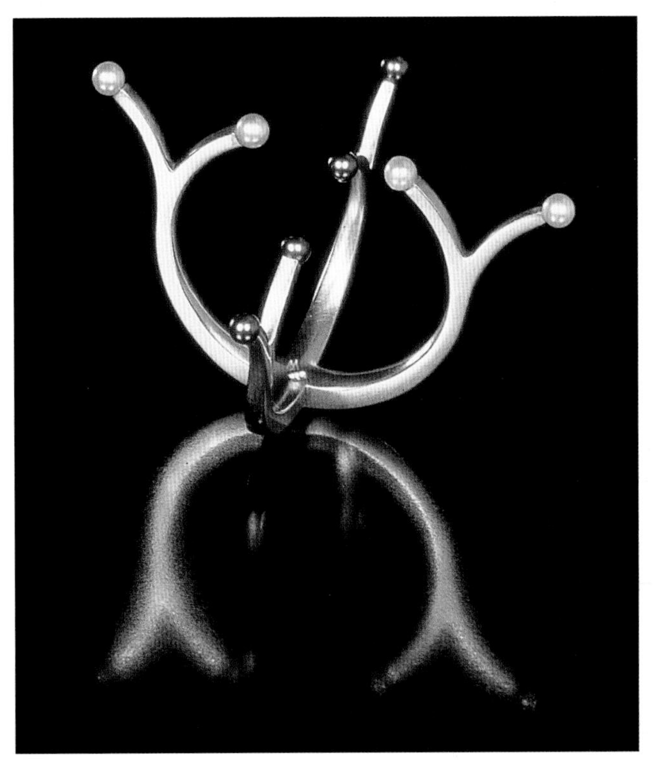

上圖：雖然這枚戒指使用的材質了無新意——黃金和珍珠，但是它的造型卻極富現代感。這種前衛的外觀設計為傳統素材重新注入活力，也讓觀眾對這枚戒指愛不釋手。

下圖：這款胸針作品的主題為太空，而其中太陽、星星和月亮分別由黃金和鑽石作代表。不過千萬別以為表示軌道的銀色金屬是純銀所製，這個部分的材質是白K金與鈮(niobium)。（作者：陳國珍／台灣）

材質：實例說明

眼睛和嘴巴周圍的銀金屬色澤無非是為強調視覺變化而作。

使用已上色的紙片，在設計過程中，恣意運用不同色彩。以三原色（紅、綠、藍色）作出渲染效果，更營造出的鮮豔的畫面。

左圖：「銀」除了在實際層面，也在心理層面「打底」。因為在人們心目中，銀是有價值的。所以設計師在作品中加入銀，即提高了作品的整體價值。

一般說來，我們總會依照材質的代表性涵義，而將其作些分類，但是這麼做是好壞參半的。雖然經過分類，可以便於地以設計主題來選擇適合的材質。但是，若想要增廣自己珠寶設計的深度，就必須擺脫這些既定規則，對材質涵義作一個反向的深入思考，才能「開發」更廣闊的創作視野。

銀與另類材質的結合

不知是否曾經想過，若是在作品中同時使用傳統與另類素材，一來可增加設計內容的對比，二來也可為傳統素材加上前衛氣息。因此屬於傳統材質的銀，就是絕佳的選擇。它的色澤屬中性，想用另類材質為作品上色時，這是再完美也不過的選擇了。

上圖那款一系列洋溢活潑氣息的胸針中，銀質部分是種結構基礎，作者在銀的表面貼上許多彩紙為作品增色。我們可以由作品正面——特意裝點的眼睛部分可看見銀的亮澤，由背面則可見到銀質的底部結構。另外，作者使用銀這種較昂貴的材質，目的無非是希望其他人可以把這件作品看做是「真正」的珠寶，而不只是許多彩紙所構成的逗趣玩意而已。

下圖：以紅色絲帶突顯出的細緻美感，為這款手環在顏色與質感上增添動態，而手環的金屬部分是由純銀所製。

右圖：這枚戒指的形狀和大小，無疑是提供了我們對這些碎蛋殼深感疑惑的線索。謎底揭曉，它們是鵪鶉蛋殼。

銀製戒圈不但增加作品的價值感，也強化了結構。

這些碎蛋殼所形成的斑點狀美麗圖案，也巧妙地模仿了真正的蛋殼模樣。

關鍵要點

任何經過仔細思考而且能充分發揮主題的材質，就是適合珠寶設計的素材。

*

出色的設計和製作手工足以推翻任何世俗對材質的既定涵義。

*

如果以另類材質為主製作元素的一款珠寶設計，酌量加入少許昂貴素材，可增加作品質感與人們在第一時間對它的接受度。

左圖：瑪瑙是屬於半寶石的一種，若欲將其運用在設計中即須具備特殊技法的專業能力，當然工具也不能少。縱使一般人覺得它並無高貴質感，但是只要透過精良的手工技術便能改變人們原有的既定印象。

右圖：這款趣味十足的紙手環，乍看之下，也許會因其色澤而誤為是木頭做的。紙片被設計師刻意排列成類似木質紋理。

左頁右下角這款戒指的靈感來源十分明顯。因為外觀狀似鵪鶉蛋，而且為求效果逼真，還特意以真正的鵪鶉蛋殼為創作基底，將樹脂灌入成為戒指的一部分。如此為作品增色不少，當然更再次強調出作品的設計概念。

這款外型非常引人注目的手環(左頁，中圖)，是利用這兩者——絲帶與銀增加了物件在顏色、質感和形狀上的對比。另外，由於絲帶的價格很便宜，所以大可任意使用，營造出更強烈的視覺觀感。因此無論任何材質，只要能符合設計概念，即可拿來當製作珠寶的素材。

賦予價值

許多設計師在挑選作品素材時總有很大的彈性空間，並不只限於使用貴重金屬，反而常常尋找各式各樣、甚至在一般人眼中是挺另類的材質，而經過設計後賦予它們更高的價值。設計師若能使用這些不常見的設計媒材，不但可以挑戰一般大眾對它們的既定看法，也能多方刺激本身的創作視野。

創作右圖手環與頸部裝飾的這位設計師，選擇了一種並未在珠寶設計領域中常出現的材料：紙。無疑地，就因這種特殊材質，使作品更彰顯了它具代表性的獨特魅力。為了創新，設計師不厭其煩地嘗試各類素材，經過多次翻案，最後才選定利用紙片，並試著將柔軟的紙片變為有足夠韌度來維持作品的結構，以符合設計概念的型態。像這種使用少見素材的作品才能突顯其與衆不同之處，而在人們心中留下不可抹滅的印象。

精良的製作技法也能推翻某項材質被認定的刻板價值。就如同左上圖的瑪瑙手環，即使材質本身並不昂貴，但是純熟精細的製作手法卻讓這款手環的質感大為提升，使人誤認此款價值斐然。另外，這些寶石類的材質，必須擁有一定程度的製作技巧與工具，才能顯出寶石的尊貴。例如製作這款瑪瑙手環的設計師必須具備優秀的寶石雕刻技術，才能明白這款作品製作的可行性。因此，設計師若不瞭解所選擇的材質適用何種製作技法，很有可能設計出一件違背設計概念的作品。

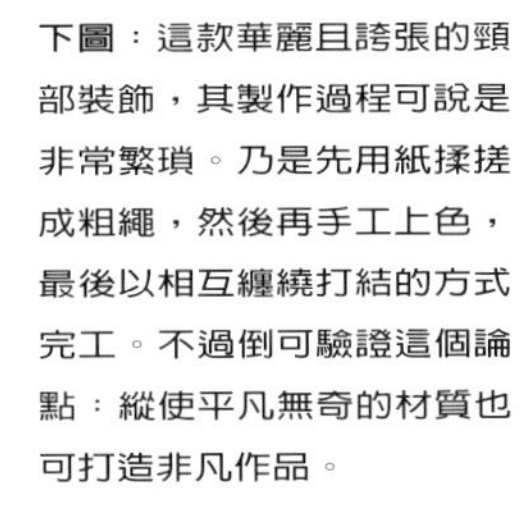

下圖：這款華麗且誇張的頸部裝飾，其製作過程可說是非常繁瑣。乃是先用紙揉搓成粗繩，然後再手工上色，最後以相互纏繞打結的方式完工。不過倒可驗證這個論點：縱使平凡無奇的材質也可打造非凡作品。

材質：名家範例

“在設計時，我總將身邊隨處可見的材質，無論在視覺美感或是技術上加以組合，除去或加進新的元素，以求作品中能融入我的獨特風格。”

曼紐．維奇那 (Manuel Vilhena)

右頁：這些頸鍊各是利用木頭、銀、赤銅(“shakudo”為一種特殊的銅銀合金，含有少量黃金所製作而成。有趣的是，設計師不願賦予作品任何設計理念，也就是說，作品的意涵並無設限。因此觀眾可用自身的的感受出發，對這些作品作出合理的解讀。

《上下前後的顛倒》

設計師創作這對戒指的靈感，得自於人們將幻燈片放置在投影機時，總會出現搞不清正反、上下的情況。這倒是挺有趣的，不是嗎？另外，值得一提的是，作品材質本身所散發的原始力量。這對以銀金屬與月光石為素材，純手工所製作的戒指，設計師用極含蓄的表現手法處理隱藏意涵和材質擁有的豐富「表情」。之所以說是「表情」，即是指當佩帶者注視戒指時，月光石表面真實呈現的樣貌，它的豐富「表情」自是由佩帶者的喜怒哀樂而來。當然，這些令人玩味的設計概念，正是設計師在作品中要刻意傳遞的。

對曼紐．維奇那來說，珠寶設計就如同烹飪，他也試著廚師一樣，組合各種材料，以求達到最佳成果。過程中，必須調配材質的比例、視覺觀感的呈現、成品的「色香味」，還有最重要的一點是要記得這些作品必須可被其他人「消化」，切勿製作令人無法「吞嚥」的作品。創作過程其實就是一種抒發自我心境的行為，如同詩人使用文字、廚師使用食物與香料；而金、銀、木頭、合金等，就是珠寶設計師用來表現自我的媒介。

右圖：這對外觀完全相同的戒指，其寶石鑲嵌的位置正好反映出設計師的特殊美感經驗，也讓我們一窺珠寶的實際製作過程。因為這兩枚戒指的特殊之處，就在於它們可在鏡子前360度翻轉，讓觀眾探究戒指內部的整體結構。

any physical base.
NO

製作過程：概論

對現代的珠寶設計師來說，製作方法和素材一樣，都有無限的可能性。唯一的限制在於設計師本身是否具備高度的創造力及對技法的熟悉。雖然設計領域有多種可能，但是這也增加了選擇專精某項技法的難度，畢竟沒有人能對每一種珠寶製作技法都瞭若指掌。

重點式瞭解

除非設計師對某些較為困難的製作技法能有相當的瞭解，否則很難將想表達的概念在創作中靈活運用。在這種情況下，自然得花時間閱讀相關資料和技術性書籍，再不然就去珠寶技術學校學習正確的製作方法。某些特殊技法，例如木目金技法，困難度比其他製作方法高，因為它需要特殊工具，或較難取得的特殊材料。如果作品需要使用這些困難度較高的製作方式，不妨去找設備完善的專業工作室或專家幫忙。

右圖：雖然漆器法是一項古老工藝技術，但運用在這些設計簡單且具時尚感的珠寶作品中，似乎再次賦予它全新的面貌。（作者：陳國珍／台灣）

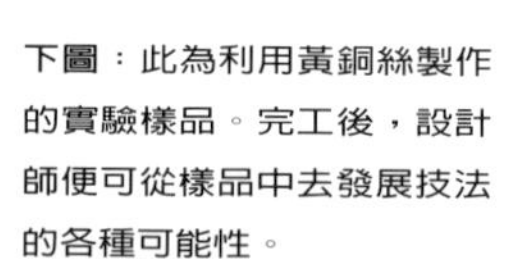

下圖：此為利用黃銅絲製作的實驗樣品。完工後，設計師便可從樣品中去發展技法的各種可能性。

個人的代表性技法

我們都知道，學習基礎的製作技法，也很難輕易地製作出一件優秀作品；選擇單一種特殊技法並深入鑽研，將它變成自身設計品的主要技法更是困難。但是，若能成為某種技法的專家，將它時常運用在作品中，就能很快地塑造出個人風格。

左圖：利用編織法製作出立體的3D結構。以白色膠繩與銀線交織出一種古怪的視覺感受，其隨性的造型也能激發觀眾的幻想。

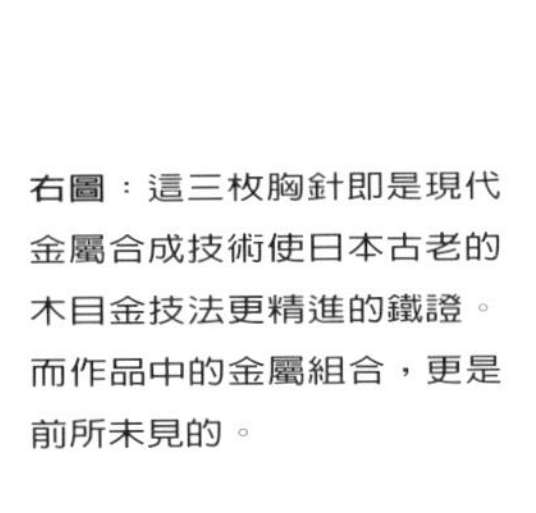

有些設計師會因從事發展與開創新的製作方式，意外成為研究某項特殊技法的專業人士。不管是選擇專精於某種艱難的技法，或是選擇在基礎性的技法作大膽創新，最重要的還是得藉適當的製作過程將作品的設計概念完全展現。一旦擁有傑出的設計能力與無拘的設計胸襟，那麼便可隨意使用任何一項技法與素材，打造出充滿獨創性的作品。再次強調，倘若致力於研究某種獨特技法，並將它變成專屬個人作品的代表性技法，就可以更輕鬆地發展出易於辨識的個人風格。

右圖：這三枚胸針即是現代金屬合成技術使日本古老的木目金技法更精進的鐵證。而作品中的金屬組合，更是前所未見的。

製作過程：實例說明

近代具高度創新性的珠寶製作方式，當然是增添設計作品多樣面貌的幕後推手。

舊與新

這頁所展示的耳環皆是使用傳統技法中的金箔法(leafing)和沖壓法(pressing)製成的，然而製作素材也屬於傳統珠寶領域裡常出現的——鉑金箔和黃金箔兩種。雖然這件作品多利用傳統素材與技法，但為了增加其中的趣味與獨特性，設計師便突發奇想，使用了一種較不受珠寶製作「青睞」的材質：錫板。

另外，這件作品所使用的傳統製作技法也作了些改良。例如沖壓法通常於已成形的結構上進行加工，但是此處卻是用來壓製表面的特殊紋路。這是因為設計師由布料上的折紋產生了靈感，而想出利用沖壓法在錫板表面上製造出波浪紋的點子。當然錫板上的花樣也是由布料的顏色和編織法所延伸而來。

此外，運用金箔法不但可以降低製作與材料成本，也讓身兼製作的設計師可以完全掌控從構思到製作完工的整個過程。

兩種不同顏色的錫片經過壓花技法而產生饒富趣味的質感與花紋。

光線在佈滿葉片形狀的表面上，製造出柔和的光影效果。

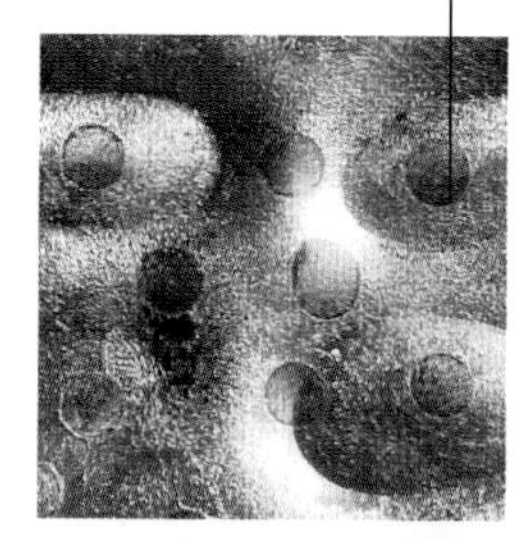

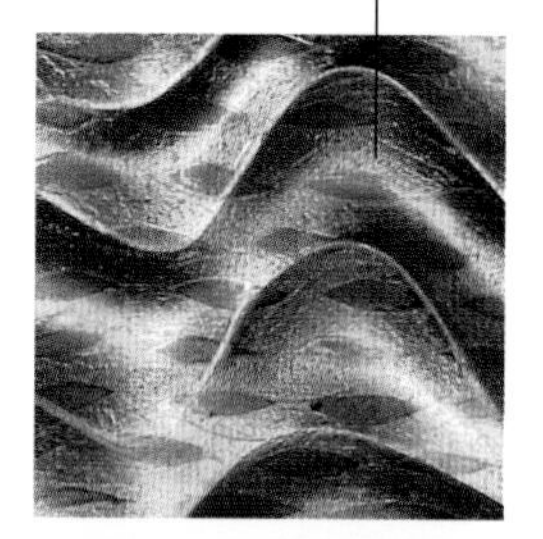

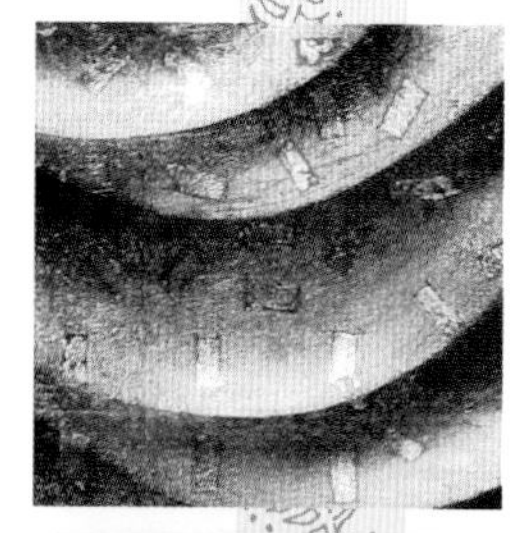

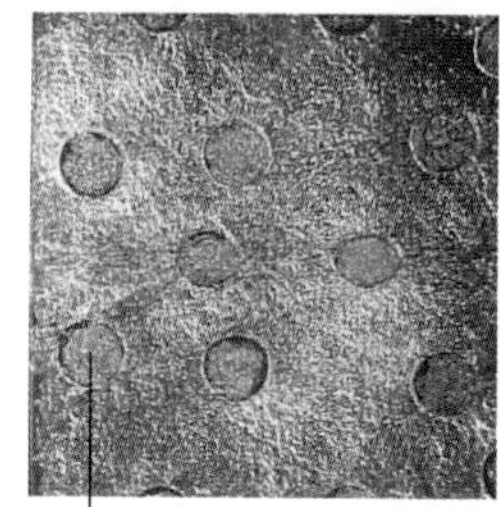

設計師為了驗證圖稿上紋路的真實視覺感受，而製作出這些平面錫板。

上圖：設計師為了嘗試製作特殊質地與花紋——類似布料的柔軟質感，因而有這些錫製樣品的誕生。

下圖：這些錫製的耳環，不僅造型簡單大方，是由各式（圓形與眼睛形狀）的耳針穿過中央鑽洞所作成。而且耳針的外觀還呼應了錫板上的花紋，為整個作品塑造出一種連貫性。

關鍵要點

運用並組合不同的製作過程，可幫助設計師樹立獨特的風格。

*

在製作研發用的樣品與模型時，總會出現一些令人驚喜不已的效果，像是意外「勘測」到某些技法與材質的完美結合。

*

將各種材質的實驗結果收集在技法筆記裡，可以更清楚地瞭解整個製作的經過。

創造性的色彩

不可否認，許多優秀設計作品都是先在圖稿上完成的，但是在最後定案之前，奉勸設計師必須得製作一些實驗性樣品，來測試設計稿上的細節是否可行。本頁中所展示的圖片都是設計師為某一系列作品而製作的細節樣本。這一系列作品所選用的材質，包括：以沖壓與陽極處理的鋁片、用沙子開模鑄造而成的白鑞、五彩繽紛的電線與熱塑性塑膠等。

細節樣本中呈現出設計師測試的多種上色方法。為使以陽極處理的鋁片容易著色，且產生最鮮豔的色調，設計師利用了不同的染料、色筆、墨水、抗腐蝕劑等等，試圖找出將色彩與文字層層交疊在鋁片上的最佳方式。第一步先把文字與圖案烙印在鋁板上，然後將它們染成不同顏色，再用彩色墨水在最上方畫些有趣的圖案。接著，設計師便將在上色後的陽極處理鋁板上，那些以沖壓法壓製出的形狀剪下來，看是要單獨使用或是融合其他如白鑞、壓克力等材質。

陽極處理是一種利用電極改變金屬表層顏色的方法，尤其多半使用在鋁製品的加工過程，且它可使用的顏色範圍也十分廣泛。有經驗的珠寶設計師通常已非常熟悉這種上色法，不過坊間有些專門的工作室可代為處理，不諳此法的設計師亦無須擔心。

右圖：設計師為了能更仔細地觀察構圖，利用銅與鋁箔紙來進行沖壓法，以顯示出圖案。而這些圖案在接下來製作的過程中，將繪製於陽極氧化處理過的鋁片上。

右下圖：這些實驗模型是用硬紙板、彩色塑膠外膜的電線、還有已上色的鋁片來製作的。它們能讓設計師測出作品實體的色彩與層次感到底如何。

左下圖：使用以陽極處理的鋁片來測試不同的顏色組合與上色過程的難易。

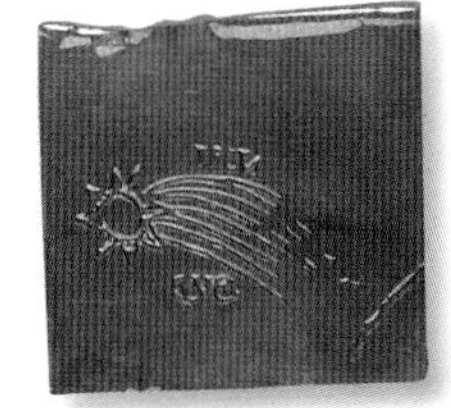

這是鋁片經沖壓之後所剪下來，並染上顏色所製成的一部分。

用彩色硬紙板剪出的形狀。

包上塑膠外膜的電線。

先用紙板剪出小狗形狀，再用蠟筆上色。

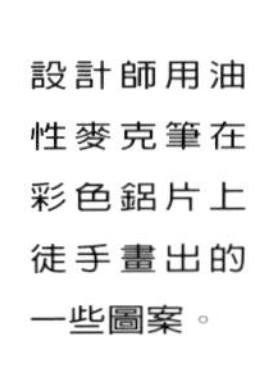

設計師用油性麥克筆在彩色鋁片上徒手畫出的一些圖案。

先在彩色鋁片上印製文字，然後再於文字上方畫出狗的形狀。

相異的色彩分層經由不同程序塗抹在板子上，可加深整體的視覺感受。

製作過程：名家範例

“我希望能製作一些在視覺上充滿活潑跳動元素的作品，並總帶給人們「突發」的喜悅感受，讓佩帶者常在不經意的情況下，發現作品的另一種面貌。” **橫山友美 (Tomomi Yokoyama)**

下與右頁圖：這些極具趣味性的結構，乃企圖塑造出各種可變換的外型，而目的無非是希望能吸引觀衆的目光。設計師嘗試利用各種幾何造型的組合，來驗證這款戒指供把玩的可行性。也就是說，作品可透過活動式的結構展現出不同風貌，佩帶者也可藉由此種方式得到欣賞以外的樂趣。設計師還運用不同形狀的平面銀板，組合成許多立體、可活動的戒指，甚至不僅是戒指，也包括項鍊與手鍊呢！

自助式戒指

本頁這些外型搶眼的戒指，其靈感是來自於設計師——橫山友美從美國知名建築工程師富勒(Buckminster Fuller)所建造的圓頂建築而得到的啓發。一開始她採用紙片作出整系列的幾何造型戒指，而戒指所營造的氛圍包括：主題強烈的現代感，或只純粹用作裝飾。她希望能藉著不同組合來探討堅硬與柔軟的差異。另外，之所以會選擇以紙製作實驗樣品是因她自小對日本的摺紙藝術即非常感興趣。她在這些紙製模型裡，找到了各種金屬材質可行的組合方式，進而創造出一系列外型獨特的銀戒。

再者，橫山友美亦對金屬表面作不同處理，以求營造出視覺上的劇烈變化。她甚至改變戒指的結構，希望讓佩帶者能如組合益智玩具般，以DIY的方式，自行拆解戒指的小物件，而達到她所冀盼的互動關係。

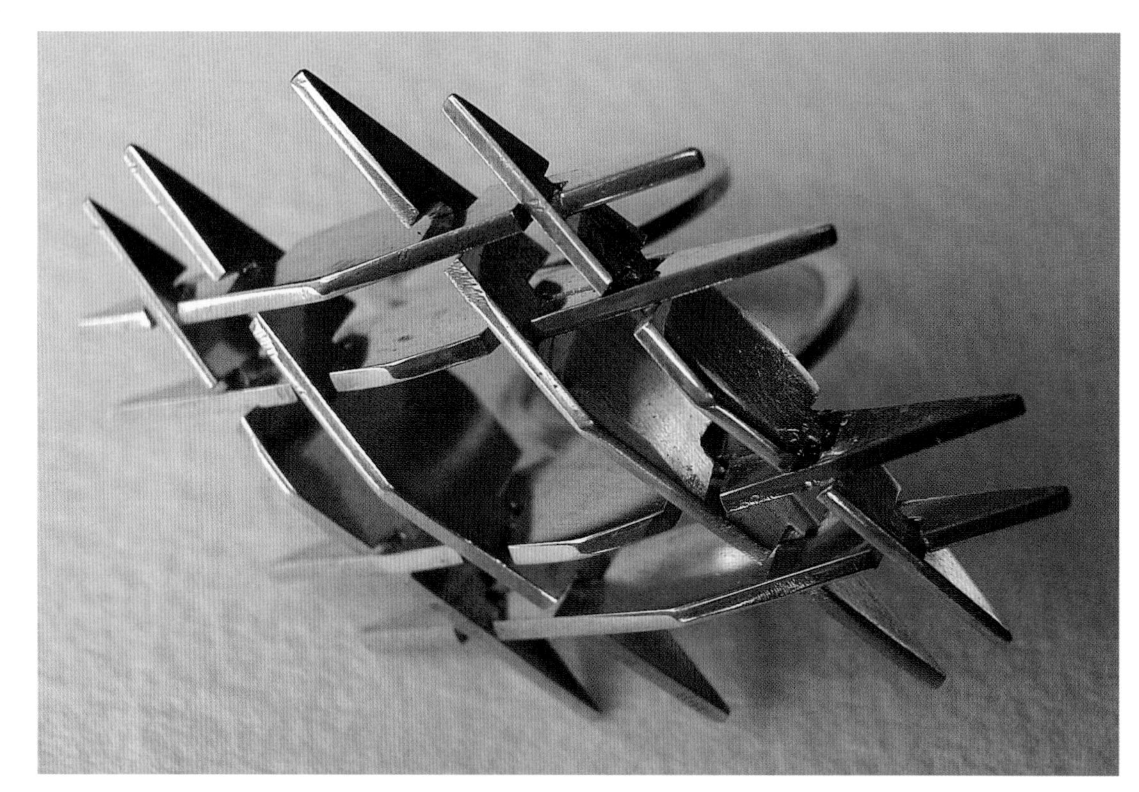

右圖：數個造型簡單的小物件，讓最後組裝完成的作品外觀不至過於複雜。

moves less than
180°
360°
push
slightly oblique.

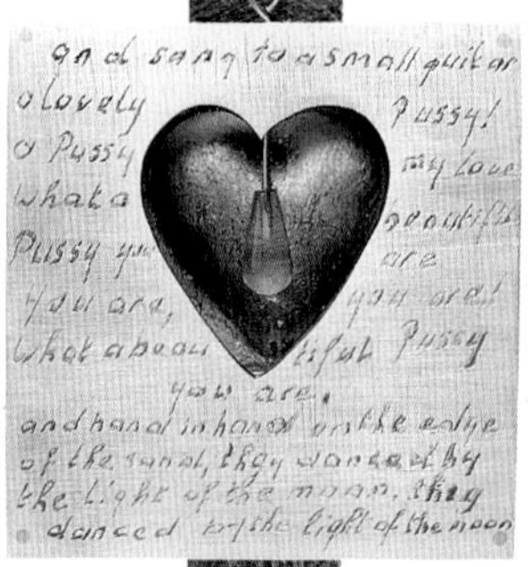
and sang to a small guitar
o lovely Pussy!
o Pussy my love
what a beautiful
Pussy you are
you are, you are!
What abeau tiful Pussy
you are,
and hand in hand on the edge
of the sand, they danced by
the light of the moon, they
danced by the light of the moon

第四章

創作的概念

「概念」在語言解碼器中，總被歸成與不熟悉的事物一類，誤以為它既抽象又不切實際。但其實，它和「想法」或「點子」一樣「平易近人」。綜觀所有精彩的設計，必定是由一個經過深思熟慮，確定已面面俱到的「概念」所發展而來的。

在接下來這個章節中所介紹的一些原則論題，即是各位設計師今後創作的概念基礎。不過本章條列出的事項當然並非絕對，因為在實際的設計中，這些原則極有可能相互重疊。舉例來說，也許某件敘事性作品的最佳表現方式，竟與另一件具雕刻風味的作品如出一轍。又或者，像結婚這類以特殊場合佩帶為訴求的珠寶設計，也常常被歸納到貴珠寶中。所有在本章節出現的每件珠寶，都不難在細微之處發現其基本設計概念的延伸。而延伸的方向多半圍繞在愛、時間流逝的感傷、和對社會現狀的評判等等。任何一款名聞遐邇的作品，無不仰賴這些細微之處所展現的獨特魅力。

答案會是「沒有比設計出一件與概念相契合的作品更加令人愉快了，尤其是當作品精確地表達出所賦予的概念時。」

自然有機：概論

「有機」（organic）這個字，指的就是與自然界相關或延伸而來的一切事物。而在珠寶設計的領域裡，「有機」則代表了任何與自然界相關的靈感、材質、製作過程、設計方式或是美感。

靈感

大自然一直是設計師，「尋找」靈感的好所在。大自然有無數有趣的造型，簡直讓設計師不知該如何選擇。不只是風格取樣，我們還可以在自然界中找到任何設計基礎的要素，包括：形狀、結構、表面質感與紋路、顏色、材質，一直到功能性、情感、甚至是製作過程，都有可能與大自然息息相關。以「自然有機」為主的設計概念甚至可以進一步滿足人類的五種感官，如作品中可刺激視覺的構造與外型、觸感特殊的表面紋路、奇特的聲音、引人注意的氣味、一直到

右圖：當目光一觸及這張照片，隨即被菊花鮮豔的色澤「擄獲」，但若再仔細觀察，必會發現花瓣的構造。這種構造結合了細緻與強韌的構造，是絕佳的靈感來源。

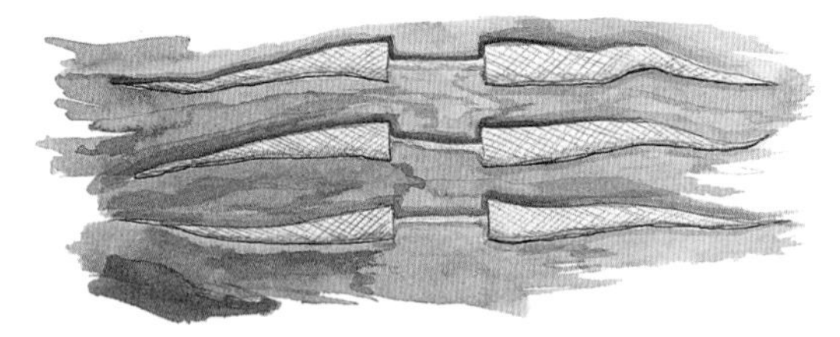

左圖：這幾個有著波浪狀造型的別針，即是由菊花花瓣（上圖）的造型發想而來，同樣充滿了迷人的魅力。

左圖：這些都是珠寶設計師的收藏品，也許亦是某件作品的創作源頭。收藏中有一部份是一系列的自然物品，有雕刻核桃、鯊魚牙齒、鳥類羽毛、貝殼、還有松果。

右圖：這一件由蝴蝶外觀和其花紋的多功能銀質墜飾發展而來。

設計

「自然有機」也可以用來形容作品的設計風格。有些設計師喜歡以隨性的角度看待整體設計過程，不喜歡在一板一眼的狀況下工作。

我們極少自然界中發現幾近完美的直線、圓形或對稱形狀，若構造毫無瑕疵自然會與人造物畫上等號。不過如果一件設計中包含了如海浪狀的起伏曲線，或是模仿樹皮紋路等的自然質感，我們也將這種設計稱之為「自然有機」。因為作品的材質大多是由自然景物所延伸出來，就算這些仿自然的特徵並不明顯，但這些設計仍被人們稱為「自然有機」。

多樣的味蕾體驗。這世上的一切事物，將不斷成為設計的原動力。

材質與製作過程

大自然中的豐富資源與材料均可提供給珠寶設計師利用。譬如鑽石，這種最堅硬的自然物質，長久以來即是熟知的珠寶材質之一。其他像是羽毛、貝殼、頭髮和牙齒等，過去也曾作為珠寶設計的製作素材。

雖然人類對大自然的瞭解與日俱增，但卻永遠無法控制它的運作模式，更無法百分之百地精準預測它的發展。也就是說，任何一種與自然有機相關的製作過程，都含有某些不確定性，結果有時是無力掌控與正確預知的。舉個例子來說，冷性腐蝕（cold etching）即是被歸類於自然有機類的製作技法，因為其中所包括的各種自變數或因變數，像防腐劑和腐蝕藥劑的濃度、設計的複雜性等等，都會影響到最終結果。反觀另一種在蝕刻技法當中算是「無機的」製作方式——印刷蝕刻技法，因為多半使用自動化機械設備，最終結果是可以準確地預測出來的。

上圖：這枚利用壓克力為材質、在結構上力求自然有機的戒指，表現出傳說中亞特蘭提斯的彩虹色澤，也是奇幻水世界的具體表現。

右圖：這枚戒指的外觀顯然屬於自然有機，所運用的亦材質相同，有銀、海藍寶和珍珠等。

自然有機：實例說明

神奇的大自然是孕育萬物的搖籃，也是萬物終將回歸之處。它是所有設計師或藝術家們所得以「止渴」的創作泉源，更由於它不受時空限制的特質，我們甚至能在其中找尋到許多具有強烈象徵意義且足以撫慰每個人心靈深處的圖樣，或者只是單純欣賞屬於它本質的美麗。

關係

本頁中這些胸針（右上）的設計師，即是採用了「自然有機」為主題，並由不同的材質選擇來探討之間的影響關係。藉著素描本的速寫（右），我們正目睹了一個以人類和自然為主題的設計發展過程，而其中所代表人類的卻是一張抽象的面孔。因為設計師並不在意作品的造型是否忠實呈現自然物的外觀，對他而言，造型背後所隱含的意涵較為重要。

那兩件胸針成品則代表了愛、成長、和創新。設計師首先收集了許多埃及無花果樹的種子，然後挑選出幾個鑄造成銀，再將它們結合其他富含象徵意義的形狀與材質。這項設計動作即是將自然界的有機形體收錄於作品當中，就好似讓正凋零的物體凍結在時間流裡，永遠保持其最完美的狀態。當然，這些埃及無花果樹的種子因為被鑄造成銀而得以讓它的造型，在胸針完好存在時，受到妥善的保存。

那兩款胸針雖然和大自然有著直接的關係，但是他們絕不是在「複製」自然。而是將自然界中的元素巧妙地轉換成帶有象徵性的敘事型珠寶作品。

向自然之美致敬

右頁中的兩款手鍊和胸針，不同於之前討論的作品，反而將設計概念著重於對自然之美的探求，並不在意各物件背後可能隱藏的象徵性意義。

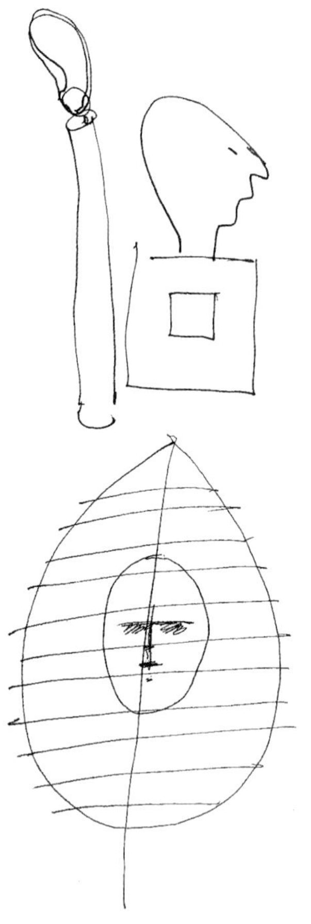

右上和右圖：這些葉子所暗喻的含意是設計師特地為觀眾所下的難題—究竟是代表了某個觀點、某個地方，還是某個人呢？

左上圖：用隨意幾筆所繪出的埃及無花果樹葉被設計師巧妙地置於一個直立的結構上，我想，大部分的觀眾會將它聯想成一棵樹。

左下圖：這張草圖是設計師欲結合人臉和葉子，而做的實驗性繪製。

下圖：這幅讓人一目了然的象徵性圖騰，不難推測出作品勢必與「愛」有關。

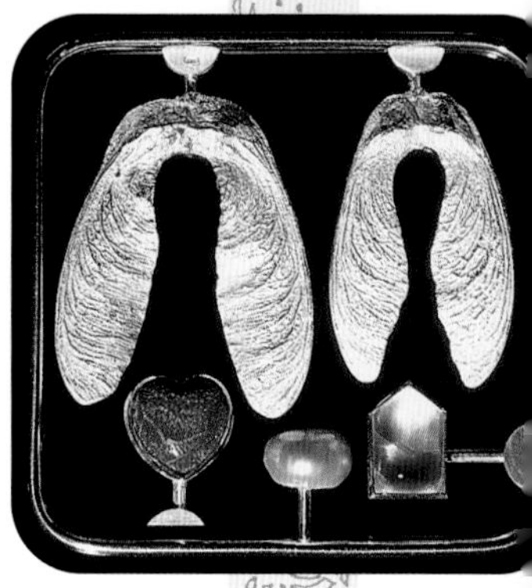

關鍵要點

將屬於自然的美感與結構直接運用在珠寶設計裡，是種極具挑戰性的突破。

*

鑄造或是金屬電鑄（electroforming）都是保存有機物質外型的好辦法。

由於這位設計師一向對各種不同的表面質感、結構、和造型元素十分著迷，甚至有些瘋狂的「病症」出現，因此她這次便不惜花費許多時間來觀察那些乾燥已久的葉片，並將它們鉅細靡遺地畫在素描本中，為的就是希望和這些葉片進行「對話」，進而更深入瞭解它們的外觀、結構、與質地觸感。

而且她還希望能利用雕塑手法，製作出一件可供佩帶的作品，將乾燥葉片的美感原原本本地呈現，但要創造這件忠於葉片的實際結構的作品，並非一項簡單任務，因為完美的自然結構不可能輕易被複製。

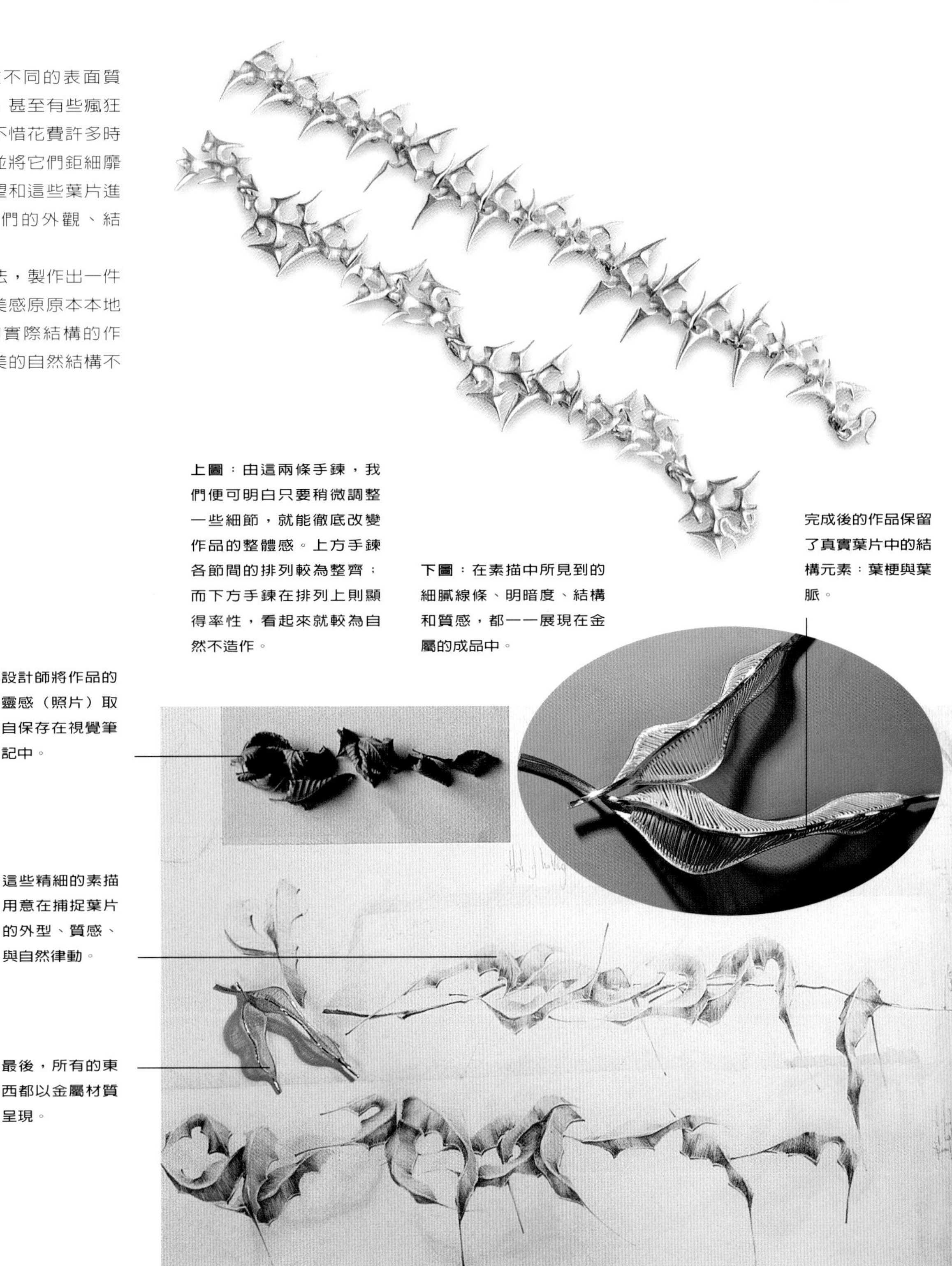

上圖：由這兩條手鍊，我們便可明白只要稍微調整一些細節，就能徹底改變作品的整體感。上方手鍊各節間的排列較為整齊；而下方手鍊在排列上則顯得率性，看起來就較為自然不造作。

下圖：在素描中所見到的細膩線條、明暗度、結構和質感，都一一展現在金屬的成品中。

完成後的作品保留了真實葉片中的結構元素：葉梗與葉脈。

設計師將作品的靈感（照片）取自保存在視覺筆記中。

這些精細的素描用意在捕捉葉片的外型、質感、與自然律動。

最後，所有的東西都以金屬材質呈現。

上和右圖：這些筆觸極為精細的素描，即是設計師用來探索有機形狀的不同結構，還有如何把這些結構轉變成珠寶設計的工具。

自然有機：名家範例

“我作品的設計結構多半取自自然有機物，包括豆莢、藤蔓、花粉、貝殼和其他的自然生物。不過因為我熱衷研究死亡美學，認為萬物由生機盎然至衰敗，是種弔詭的美感死去，所以在大部分的作品中都呈現了一種生命逐漸走向老化的終結過程，例如壞死或是遭蟲囓食。但在設計之外，我更希望能藉由這些作品來淨化敗壞的社會風氣。”

保羅·威爾斯 (Paul Wells)

藤蔓頸部裝飾

這件作品主要在表達人類企圖駕馭、統治大自然，總竭盡所能地尋找大自然有利可圖之處，而忽略了破壞其之後的強大反撲，所以設計師也同時強調了大自然的反抗作用，和冥冥之中存在的「神性」。

為了保持作品在外型屬於自然有機的流線美感，設計師費了許多心思去尋覓最合適的立體造型，也非常注意它表面紋路與觸感的處理，甚至小到每個細節都不放過。另外，接頭部份的設計，為使作品能一體成形，設計師也巧妙地將它融入整體的設計考量。

再者，製作過程中也可選擇採用一些可模擬自然造型的方式：例如使用壓片機（rolling mill）、鍛造（forging）、衝頭（punch）、鏨金（chasing）、拉製線痕條紋（striation）、尖端收尾（tapering）、皺折成形（fold forming）、化學染色（patination）等等。作品的材質則可使用氧化後的銀，因為壓光所產生的銀白與氧化後的黑色，這兩種色調可形成一種視覺對比的美感。

右頁：這款優雅的胸針（左上）完整捕捉了豆莢的兩種特質—堅韌和纖細。大自然雖賦予豆莢保護包覆種子的能力，但也同時讓它擁有個看似脆弱、一折即裂的外型。這些模型是由皺折成形技法製作而成的，不過因這種技法無力以機器生產，只好用純手工的方式打造，而得以獨一無二。頁面背景即是設計師的草稿，由此我們發現，草稿不但描繪出作品的外在造形，更掌握住了整體的自然氛圍。草稿同時也展現了作品的不同層次，提供給其他製作者相關資訊，讓我們瞭解表面質感、線條與立體感三者之間的關係。

左圖：這款鍊子和墜飾的造型好似熱帶雨林植物。輕柔的藤蔓與豆莢部分，雖具有吸引人觸摸的魅力，但是豆莢刺狀的部分卻看起來極為尖銳，使人唯恐被刺傷。這兩種矛盾的視覺感受為作品添了幾分新鮮。

幾何圖形：概論

由於幾何圖形是由數學概念所延伸出來的，在結構上它便帶有工整與對稱的性質，而這種造型恰好與其他具流線美的形狀成為強烈對比。因此若將設計置入一個幾何形狀的外形框架中，便可塑造出一種簡潔、大方的美感，即使其他元素稍顯花俏，也不會顯得太過繁雜而模糊設計主軸。

追求完美

不過，想製作出簡單的原始幾何圖形是十分困難的，因為每個人心中都有最偏愛的幾何圖形，同樣是三角形，有人喜歡正三角形，有人則喜歡等腰三角形。所以觀眾會幾近苛求地希望這些造型無任何可挑剔，就像長方形在人類視覺上有著黃金比例一樣，差一公釐都不行。因此，比起隨意的造型，人們皆能輕易看出幾何造型的製作偏差。但反觀隨意造型的製作，任何小錯誤卻都會被解讀為作品刻意裝點的特色，不若幾何造型一旦出現小瑕疵，幾乎所有人都會認為它是個不可原諒的重大缺陷。

右圖：這件出色手環類似甜甜圈的簡潔造型，就是此次設計師所塑造的「小配角」，它成功凸顯了作品主題，不搶風采。試想，若設計師運用了繁複的外觀結構，再加上如此繽紛多彩的表面圖樣，極有可能產生令人眼花撩亂的設計危機。（作者：陳國珍／台灣）

左下圖：這個同心圓胸針經過了雕刻、拋光、表面質感和貼金箔等製作程序後，整體呈現出一種真樸的質感。使我們在觀賞胸針的同時，似乎也隨著它的圓形漩渦進入了冥想狀態。

下圖：這一系列戒指的基本結構都是由幾何圖形所組成的。因為基本造型是如此簡單俐落，自然能突顯所有的設計細節。這無非也說明了：細節成為作品的焦點所在。

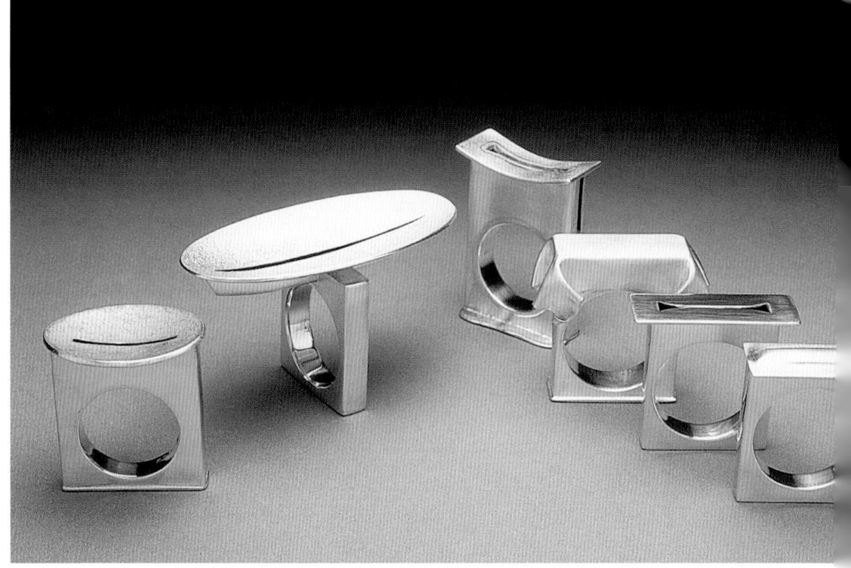

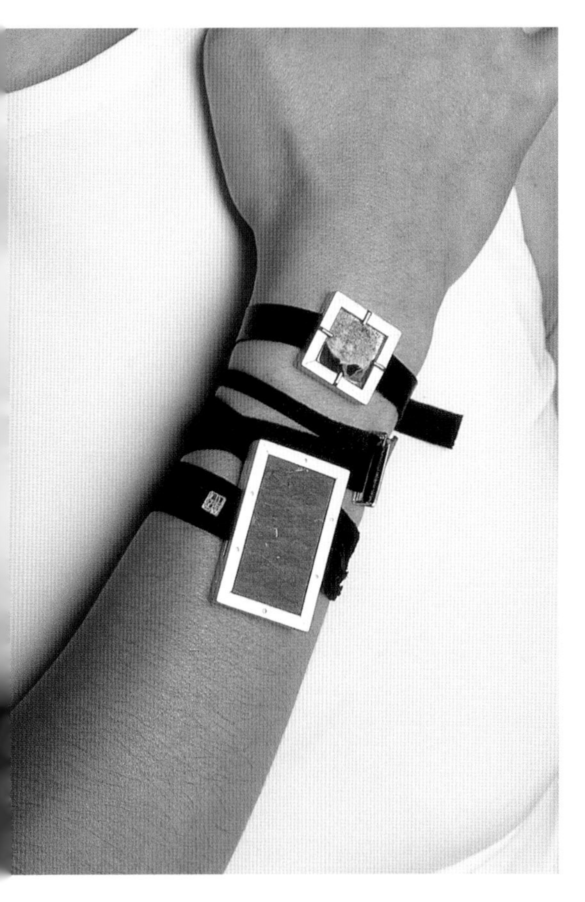

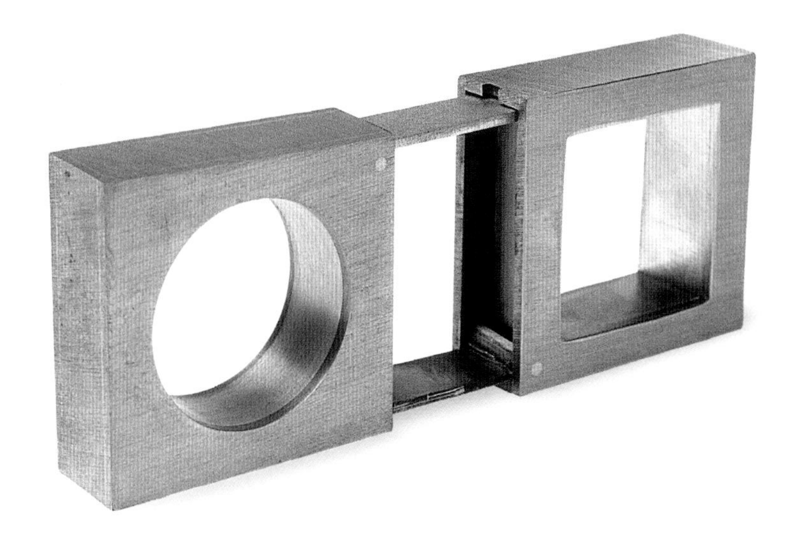

左圖：這款名為《太陽與月亮》(Sun and Moon）的多功能飾品，分為手臂、頸部、腳踝三個部位物件。設計師並將其主要焦點鑲嵌在簡單的幾何形外框中間，因為這樣一來，設計概念才不會讓人一眼就識破，而犧牲了觀眾的想像空間。

上圖：精準度在這對可自由活動的幾何造型戒指中，扮演了相當吃重的角色。只要將帶有摺頁的那面向上掀開，即可將兩枚戒指合併；但當戒指左右分開時，我們卻又幾乎看不見摺頁掀蓋的接合處。

下圖：這對鑽石戒指的幾何狀鑲座，是與其上所鑲嵌的鑽石形狀互相呼應而製。

時尚的代表

雖然幾何圖形從遠古時代開始就存在於這個世界上，但一直得到今日，透過精進的珠寶製作工具和技法，才能讓我們輕鬆地製作出一個幾乎零缺點的幾何結構。且因目前幾何結構已能精準製作，幾何圖形的完美結構也勢必成為時代象徵。

而由於科技進步所產生的大量精密機械與工具，無疑是設計師的創作法寶，能幫助我們製作出完全符合期待的結構，包括正確的尺寸和外觀。一般來說，北歐設計師的作品，比起美國設計師的作品來總更為精準，但大部分美國設計師的作品卻散發出一種貼近人性的溫暖感受。之所以會作出這樣的比較，是發現有些設計師將結構製作的精準度視為作品成敗的關鍵，這種心態迫使他們越想挑戰製作「盲點」，希望即使手工製的作品也能擁有如機器製造般的高度準確值。不過這樣的想法卻也造就了一種特殊現象——我們開始質疑作品和設計本身的價值，不知設計重點到底該是強調結構的精準，或是概念的新穎？

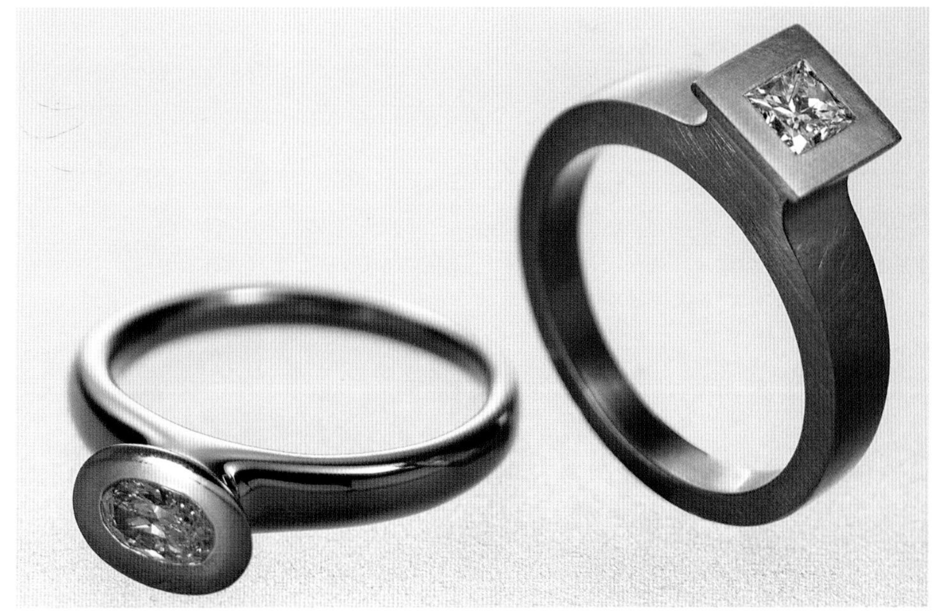

幾何圖形：名家範例

“彷彿有股強大的魔力，附著在千禧年的那件作品上，讓我自然而然地對『時間』這個主題產生想要一探究竟的慾望。在這千禧年已到來的時刻，我認為與它相關的議題將會大量地衝擊民眾的意識，而對『時間』、『測量』、『周而復始』這些觀念加以探討。”

伊麗莎白．波恩 (Elizabeth Bone)

《時間信號 II》(Time Signals II)

這件專為千禧年展覽而量身打造的作品，其靈感來源就是『時間』。設計師伊麗莎白不但仔細地觀察了計算時間的人造器具，也將其他用來判定時間流逝的自然景物一併列入設計範疇，例如：太陽、月亮、星星、樹的年輪，甚至連貝殼與牙齒的生長紋也毫無遺漏地出現在她的設計圖稿上。

縱使作品在材質的使用和製作過程中都依循傳統，但設計師若又另外加入一些平衡與現代概念，進而打造出這件帶有簡潔線條與幾何結構的創作。此外，最令人佩服的一點是，雖然整件作品均由手工所製造，但是卻似乎隱藏著剛毅的機械線條。

至於設計的過程則經過了許多次設計師對作品的探索，所有主題的「秩序性」都是經由不可勝數的模型製作而確定的。

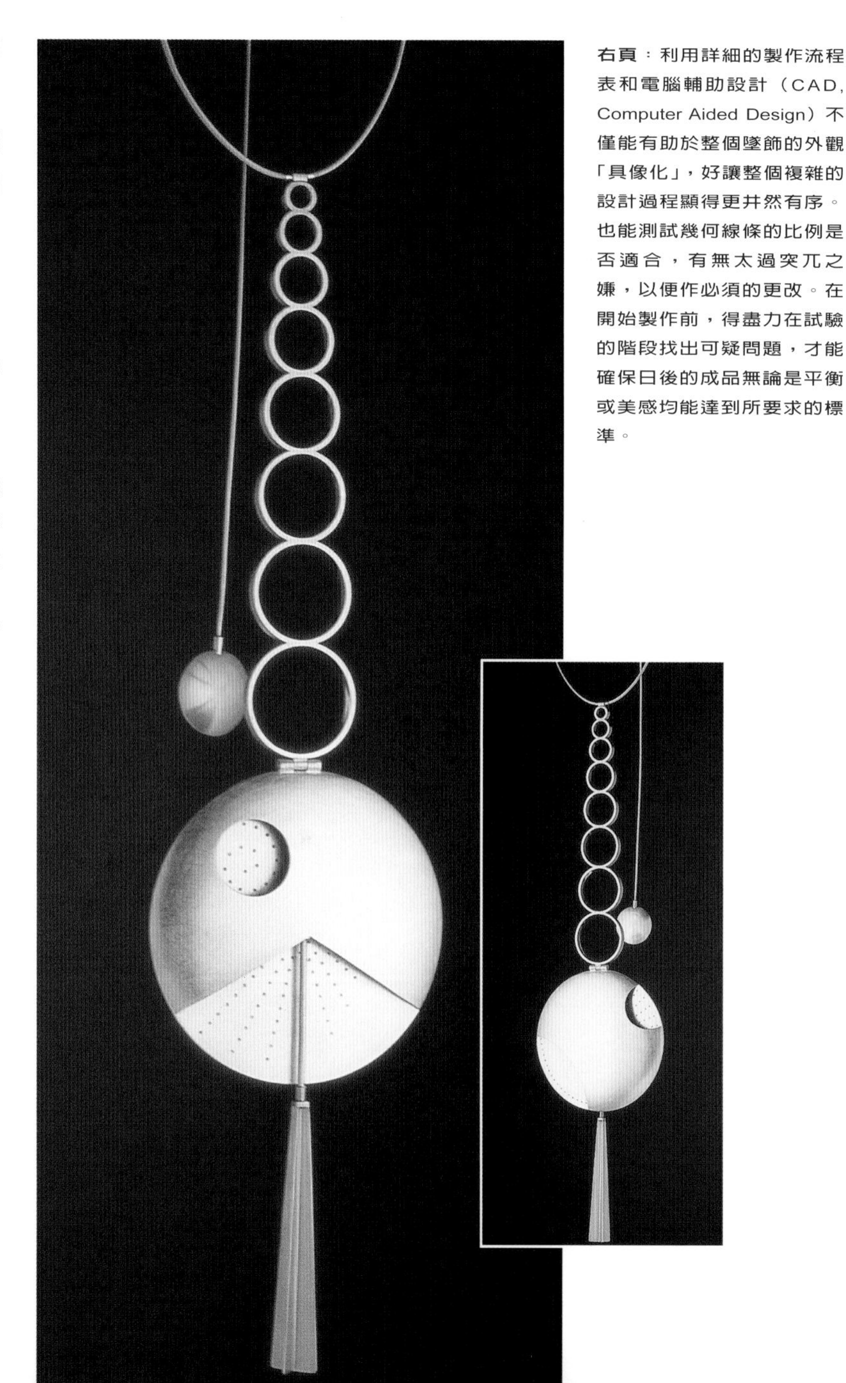

右圖：看出來了吧？這件雙面的頸部裝飾作品中藏有節拍器和鐘擺的蹤跡。設計師使用一個高明的技倆，並透過精準的結構和極為嚴謹的製作過程，完美打造出所欲傳達的時間概念，慶賀千禧年的來臨。

右頁：利用詳細的製作流程表和電腦輔助設計（CAD, Computer Aided Design）不僅能有助於整個墜飾的外觀「具像化」，好讓整個複雜的設計過程顯得更井然有序。也能測試幾何線條的比例是否適合，有無太過突兀之嫌，以便作必須的更改。在開始製作前，得盡力在試驗的階段找出可疑問題，才能確保日後的成品無論是平衡或美感均能達到所要求的標準。

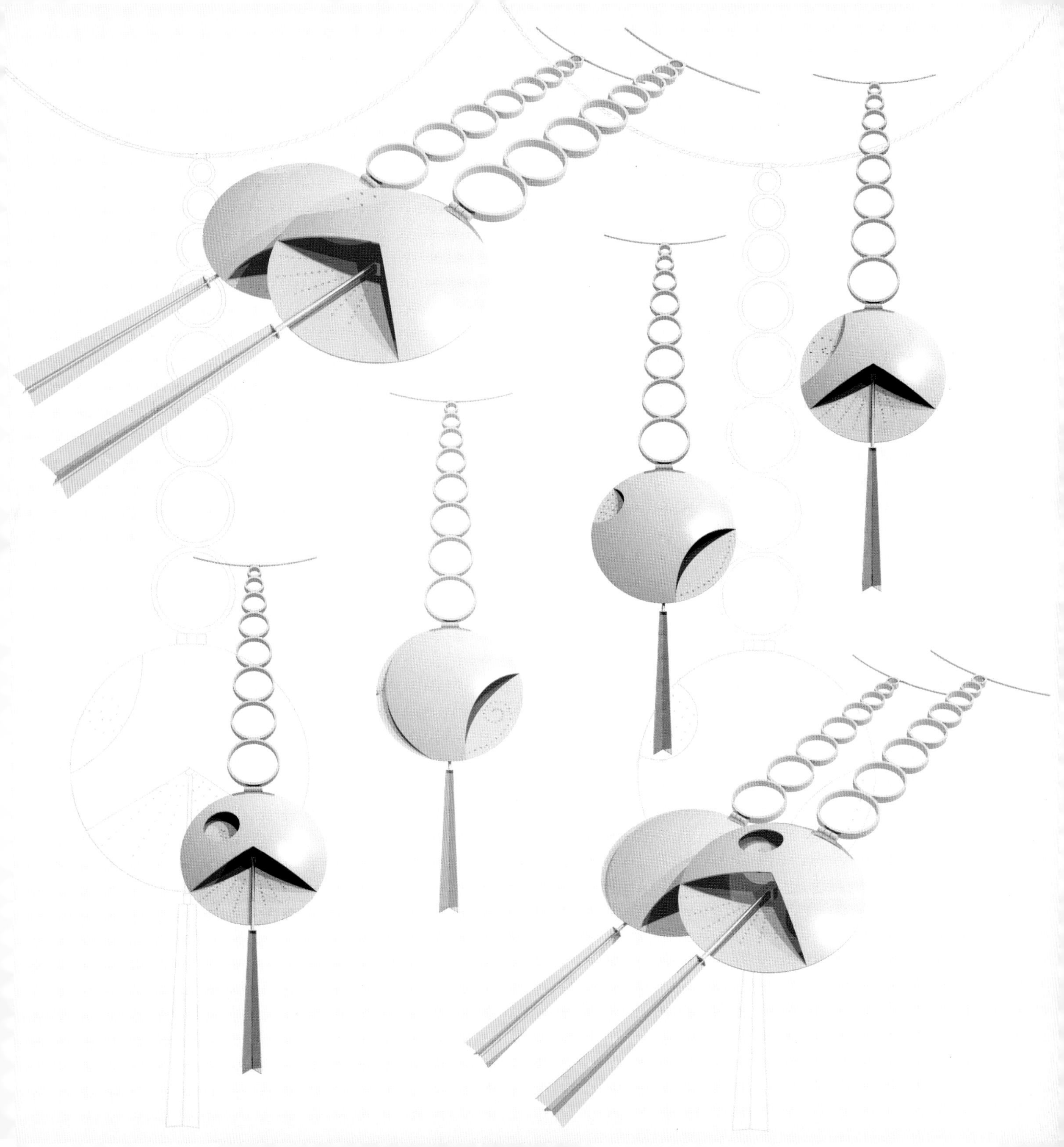

抽象：概論

「抽象化」一詞即是指設計師先將已設定的主題核心打散，再擷取精華，並剔除不必要的部分，最後作出結論的這整個過程。而剩下的精華部分當然就是設計師此次作品的創作點。

明顯 vs. 隱藏

「抽象」這詞語有時會讓觀眾感到十分恐懼，因為那會使他們誤以為自己非常無知，不懂藝術為何物，如低限藝術（minimalist art，抽象藝術的一種，運用極少的幾何形狀，且風格平實的繪畫或雕刻作品。）就會使人這般侷促不安。但其實在許多的抽象藝術中，還是可清楚地看出靈感來源。這些靈感只不過是被「淨化」過罷了，把一些次要或是不必要的訊息或概念剔除，讓整體呈現出較為整齊、有秩序的畫面。

「抽象」是個設計師常用的製作工具，也可以說它是設計過程中不可或缺的。因為必須先將某些東西抽象化，去除這些次要的元素後，才能讓整體設計焦點更為凸出。這些抽象化的外型、結構、或是表面質感，都是由設計發展過程中慢慢演變而來，所以即使這些元素簡化後仍與設計概念有著緊密的關聯性，在視覺上也較能兼具平衡與美感。在「抽象化」的過程中，我們還可窺看出設計師對物品最感興趣的地方到底在哪裡，另外，

右圖：這枚戒指在質感與構造上皆以「抽象化」後的自然物為基礎。其半透明的底座形狀、色澤使人聯想到漂游的水母，而垂落的末端則帶有珊瑚般透亮的色彩。

下圖：這些在素描本中關於細胞構造和昆蟲翅膀的研究，是設計師以剪貼及素描方式，想尋找出合適的抽象圖案所作。例如，骨頭內部的結構即被設計師運用在一個熱融性塑膠製作的手環上（下方最右圖）。

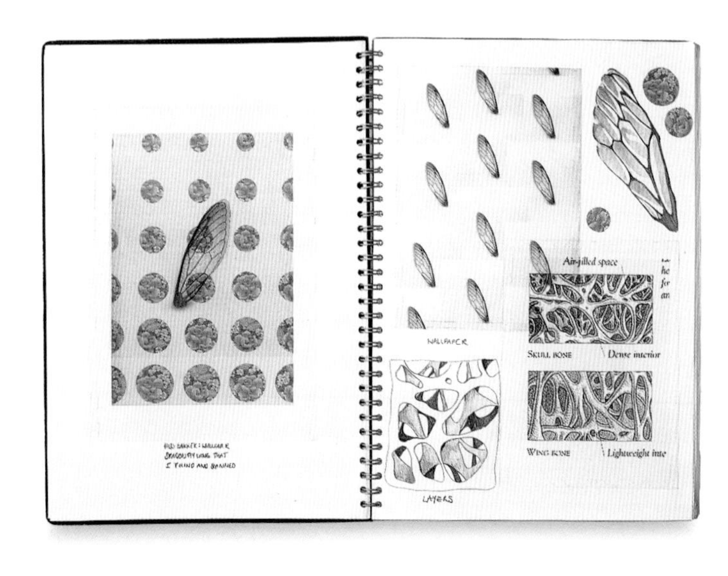

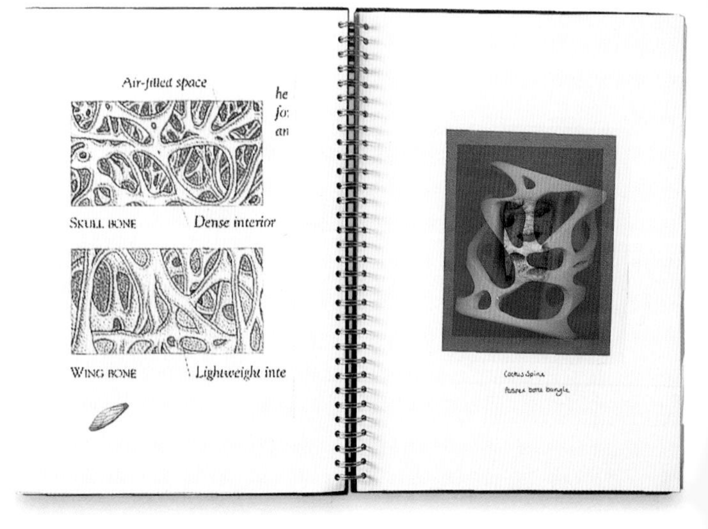

從材質的處理方式也可以得知設計師對事物所持的觀點。

若還是對「抽象化」有著疑問，搞不清楚是什麼意思，不妨可以試試這個簡單的基本練習。在白紙上剪出一個四邊長皆約2.5公分大小的正方形，然後將這張中間有個正方形缺口的白紙當作是個移動視窗，覆蓋在素描本中任何一個比此視窗大的圖形上，只讓一小部分的圖案顯現在視窗之中。這樣一來，視線自然就會被迫集中在這一小部分的圖案上。想必讀至此，已能真正認識何謂「抽象化」了吧！

避免過於直接的思考方式

「抽象化」可以避免讓作品過分一目了然而顯得枯燥乏味。舉例來說，一件由「魚」為發想主題的作品，最普通無趣的設計就是完全以魚的樣子作為整體架構。但是只要肯用點巧思，便可以將設計提升到另一個層次，並營造出屬於個人的風格。嘗試用魚的身體，或是魚鱗在燈光下所映照出的顏色來作進一步的發想吧。例如鮭魚，牠有著棕灰色鱗片和鮮豔粉色的肉質，這時再將上一段提過的「移動視窗」覆蓋在鮭魚的某個部分，看到了嗎？這個「移動視窗」中的圖案是不是讓人聯想到有點類似琺瑯的製作品？這就對了！一件抽象化的珠寶正慢慢地成形。

上圖：在這枚結構簡單的戒指上，所鑲的橄欖石即代表抽象化的花苞。另外，設計師還製作了一個有趣的機關——轉動鑲座，便能讓整個鑲座向下降，而縮小戒指的尺寸。

上圖：這件手部飾品的紙製模型用了一些以斑馬紋為發想端的圖案，包括條紋，同心圓，或較複雜的花樣。

右圖：這件作品的圖形一看便知是由抽象化的蜘蛛、蜘蛛網而來。經過設計師周詳的設計思考，於是創造了這款蜘蛛與蜘蛛網「相互依賴」的胸針。

抽象：實例說明

掃描後的原圖呈現出海底化石原有的細密紋路。

利用電腦軟體將紋路完全抽象化。

因此成品中並不包含原始的複雜紋路。

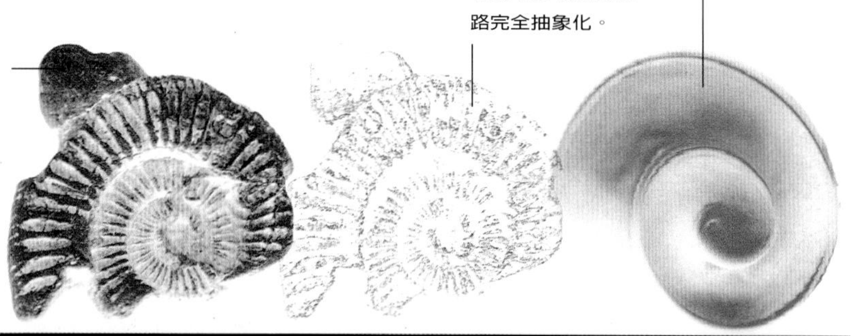

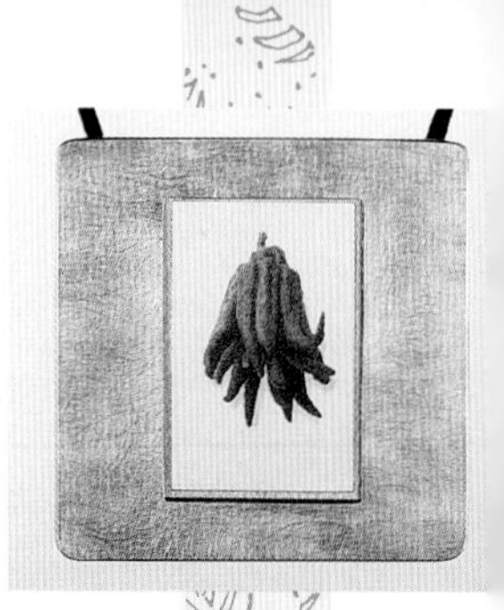

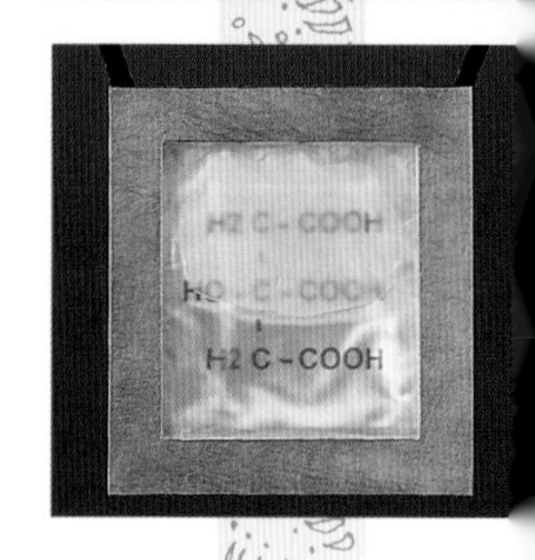

左圖：海底化石的造型結構全面被簡單化，並將原有紋路撫平，成為線條單純又易複製的立體物件。它不但豐富了人們的視覺，更吸引著人們去觸摸它平滑的表面。

右圖：若是化學或植物學的門外漢，必定無法猜出這些作品背後的主題。作品即便外型結構簡單，卻深深地暗示出這全賴設計師徹底的研究探索所致。設計師將檸檬抽象化之後得來的珍貴的樣品裝置在框架中，利用線條大方的框架，使得作品在視覺上十分吸引人。

判定設計師是否把握了「抽象精髓」就端看其對主題有無深入瞭解，且作出簡化概念的步驟。如此才可將這個主題的本質凸顯出來，同時避免讓一些不必要的元素使設計重點失焦。

自然與電腦的連結

雖然電腦是珠寶設計師在工作時很好的一項輔助工具，但要熟練相關的繪圖軟體則要花上一段時間。上圖化石飾品的設計師就是將一張由真實化石所拍攝的照片掃描到電腦中，然後再運用軟體功能將圖案簡化到只剩下化石的骨架線條。在這件已完工的作品中，我們仍可明顯嗅出靈感的源頭，但是這件經過「淨化」和「簡化」的設計，卻蘊藏一股自然化石本身不曾具備的美感張力。

抽象化美感

幾乎所有的構造與圖形都可以經過分析，簡化成最基本的原型。這種分析對我們而言是非常有利的，因為可幫助設計師重新檢視週遭一些早已被自己認為是理所當然的事物，進而還其本貌，或是以另一種全新的、尚未被發掘的模樣出現。右上圖那三個以檸檬作為主題的墜飾，設計師起初就未將檸檬看作是完整的個體，而是把檸檬的各個部分仔細分析後，再將其一一拆解開來，擷取其中的一小部分來製作這些作品。包括檸檬的酸度、果實的纖維，還有一種叫做佛手檸檬的圖像都是設計師將主題抽象化後得到的「原型」，他把這些東西當成作品的裝飾重點，並用能突顯主題的銀框圍繞。簡單的外框設計正好能與這些色彩鮮明的酸性元素作完美搭配。

像是下頁這件以蜘蛛為靈感，卻能產生帶有特殊美感的作品，即是設計師將人們可接受的部分抽象化，並使用一些特殊製作材質，去除蜘蛛本身給人的恐怖感，而把美感加以放大。如此將恐懼置於一個反倒凸顯它另一面的環境，不但可以幫助我們消除那些使人不愉快的感受，更能將原本的嫌惡轉換成驚豔。

關鍵要點

先進的科技可以在抽象化的過程中助我們一臂之力。

*

抽象化可以讓我們發掘出原本隱藏在恐懼之中的美感。

本頁：雖然這款胸針的靈感取自常見的昆蟲──蜘蛛，但是設計師並不試圖製作出與實際比例吻合的蜘蛛造型。

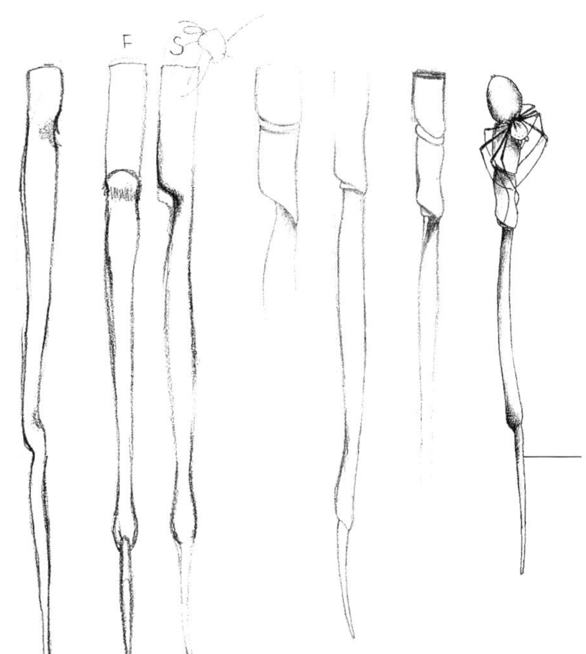

這是最後的設計定稿。

這些別針的草圖研究一些外觀大同小異的造型。

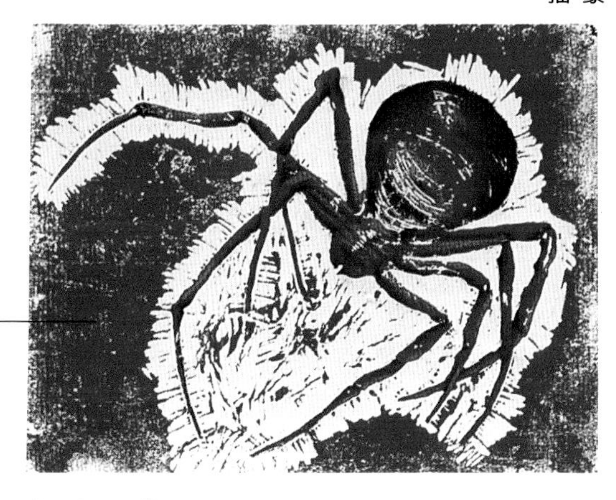

這是按照圖像和照片製作而成的蜘蛛版畫。藉由整個製作版畫的過程加深了設計師對此次主題的印象，或甚至改變他原有的既定想法。

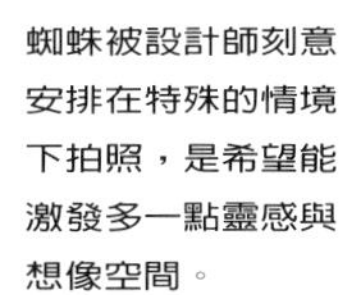

蜘蛛被設計師刻意安排在特殊的情境下拍照，是希望能激發多一點靈感與想像空間。

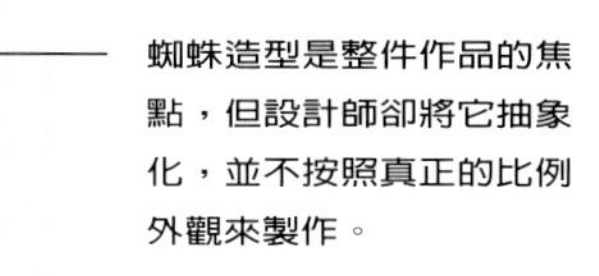

蜘蛛造型是整件作品的焦點，但設計師卻將它抽象化，並不按照真正的比例外觀來製作。

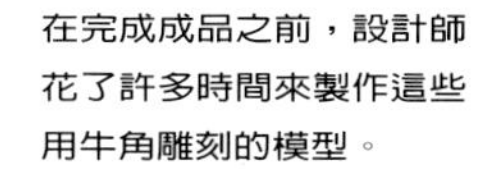

在完成成品之前，設計師花了許多時間來製作這些用牛角雕刻的模型。

抽象：名家範例

“我的作品總有著流狀線條的外觀，如水一般圓滑的結構和極具質感的表面，且隱約透露出某些特質，包括：自然坦率、性感等等，另外，最常使用的18K金是讓其與氧化銀和霧面銀產生強烈對比之效。”

凱瑟琳·席爾斯 (Catherine Hills)

《創世紀》(Genesis)頸部裝飾

為了能得到參加「迎接千禧年特展」的機會，凱瑟琳便決定製作一件與其私密情感相關的作品，大方向世人吐露自己在成長路上的重大轉折。而她名為《創世紀》(Genesis)的作品，也顯示出因這個新世紀的到來，使人們得以重生之外，亦對造物主衷心讚美。

那兩個相互連結且可以反轉的物件，分別代表男性與女性。代表男性所使用的材質為氧化後變黑的銀，這是為了在視覺上能和代表女性的霧面部分取得平衡。而鍊子解開後則可被放置於代表男性部分的空間中，這樣一來，代表女性的部分就可以和男性部分「依偎」在一起。

這是一件純理論性的作品，並不著重於實際佩帶。由視覺上，無論是結構、顏色和質感，在在暗示著背後隱藏的意涵，並鼓勵觀眾運用想像力解讀不同結構之間的關係，獨特含意。這些抽象化的部分包括了一顆心、一顆蘋果、子宮和分娩的象徵。請開始讓想像力在作品中自由穿梭吧！

右頁：設計師一開始便決定由探索各種視覺效果的過程，來訂定此作品造型，因此她收集了包括人體結構、水果和動物的素描，還有一些女性懷孕與生產的圖片。甚至在設計完稿和製作沖壓模具之前，還製作出許多不同的紙模型，以尋找出最適當的比例結構。

右圖：這兩件裝飾品未被佩帶時，它們應該要扣在一起，這正是它們分別代表男與女的主要原因。但因為沒有正反面分別，自然無既定的佩帶方式。

肢體動作：概論

在藝術領域中，人類外貌體態一直都是藝術工作者不斷重複使用的題材，而珠寶設計也不例外。

肢體語言

週遭環境給予刺激通常都會如實地反應在肢體語中裡，就像看見冬陽，有人會高興得手舞足蹈一樣。而這個現象似乎也成為設計師找尋靈感之處，試圖由人類的身體語言發掘能引出設計的蛛絲馬跡，以求作品不僅能貼合人體肌膚，更能觸碰心靈。所以，在此類設計中，設計師必須對人體各部位瞭若指掌，如肌肉的線條紋理、器官構造、各部位之間的比例等等。因而有許多珠寶設計師也會將人體寫生素描納入其學習的範疇，為的就是希望對人體的各種體態能有更充分的掌握。

素描、繪畫、或雕塑等美術作品所描繪的各種生活體驗與周遭人事物，珠寶設計一樣也可大方展現出來。大致上，珠寶是一種能快速地將設計師的思緒和觀點傳達給觀眾的媒介，不過在製作時，某種程度的抽象化仍是必須的。

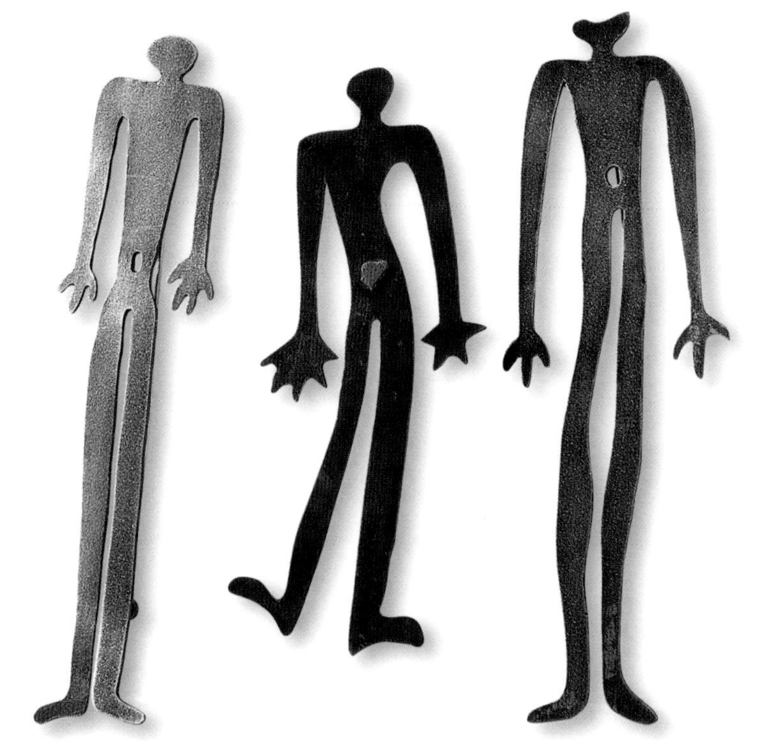

上圖：這三款胸針中所表現的肢體語言是經過設計師細心觀察的結果。每個人形的微妙變化都暗示所代表的個性、人生態度或當下的心境。

左圖：這款謎樣般的胸針名叫《面具》(The Mask)。它其實隱藏了一個故事，但設計師卻把故事的內容留給觀眾自己去猜測：到底帶著面具的那個人是誰？金色的臉孔又代表了何人？還有他們倆之間的關係為何？

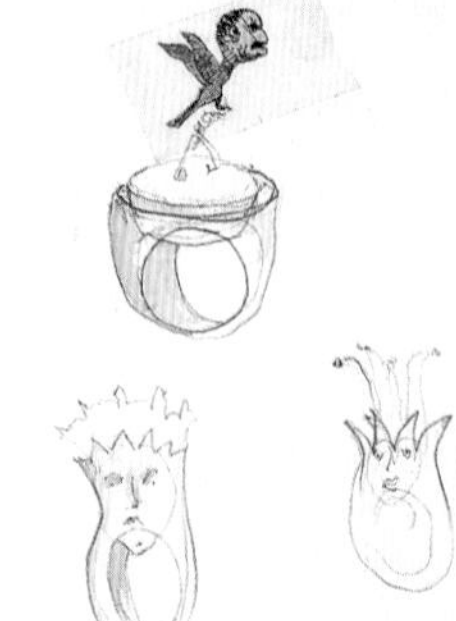

右圖：這些戒指的結構速寫卻繪出一些趣味的圖樣，大概是設計師的神來之筆吧！

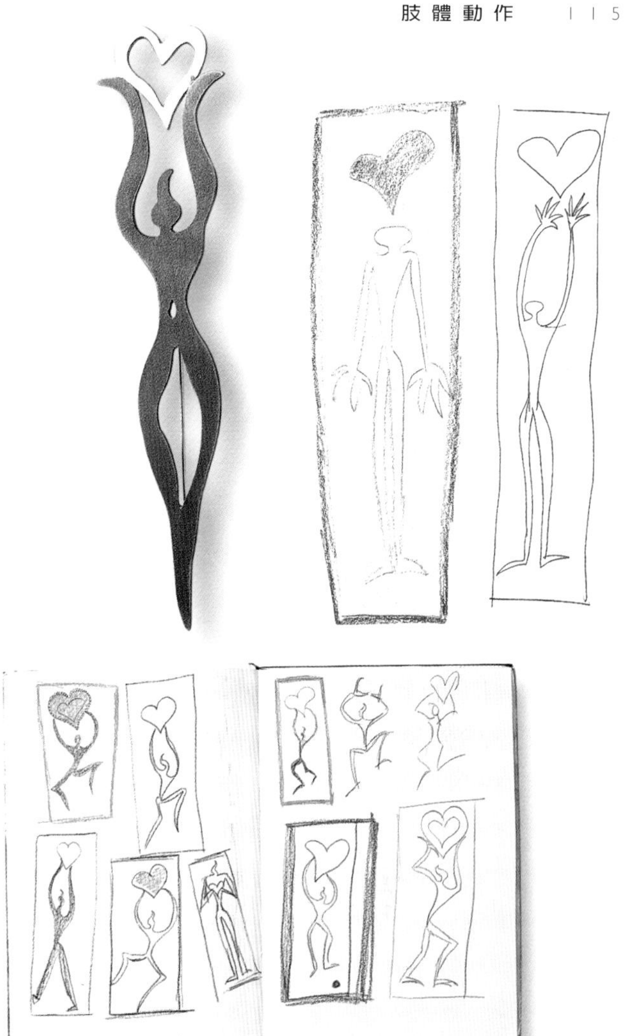

人類的處境

人類的體態線條的確是上帝最完美的筆觸，但是透過珠寶設計所不斷挖掘的各種驚喜，那些關於人性的主題比起純粹只是外在樣貌更加令人玩味。

在過去幾世紀中，探討或是讚美人性中懦弱或強韌意志力的文學與藝術品不勝數。我們每天都必須面對不同的挑戰、挫折、壓力，最後結果也許是贏得勝利，也許是輸得一敗塗地，而這些「情緒幅度」常遭設計師們挪用為設計內容。個人經驗和情感的範圍固然無限寬廣，足以讓設計師們延伸出許多創作，但因為人們對於真實的樣貌外型彷彿有種「親切」的感受，所以若利用此作為表現自我觀點的手法，極易於將作品概念傳達給觀衆。

這類主題多半在展現肢體動作的設計，當然並不侷限在陳述與人性相關的嚴肅議題。其他像是美好的愛情、荒誕的行徑或是充滿神秘感的事物，全都可以當作這類作品的主題概念，另外，值得一提的是，許多具幽默感與創意的點子也以人體造型來表現。就像諷刺漫畫中誇張的人形，即是自我嘲諷的最佳代表。

上圖：設計師利用這兩款胸針將天主教堂的莊嚴與華麗表露得一覽無遺。教堂大門與整體的比例似乎也正暗示著我們森嚴的教義；而神父人偶的塑造更是設計師特地為作品所加入的戲劇張力。

右圖上、中、下圖：右方的手繪圖案乃是設計師在創作前的一連串構思過程，圖中的象徵符號「❤」則顯示出此件作品的主題。瞧瞧最後的成品，這位擁有愛情的女人，全身是否散發一股對愛情「勝券在握」的自信神情呢？

肢體動作：名家範例

“我向來都是藉著設計來對概念和材質作徹底的研究，簡單地說，我的作品裡總含有濃濃的實驗氣息。至於我當初的實驗即是希望能把現有或是未知的技法，與目前選用的設計材質，發揮出兩者最大的極限。”　**伊凡．克拉高斯基 (Yvonne Kulagowski)**

右頁：試著分析這件特殊耳部裝飾便知，在人體造型上，設計師運用了許多充滿自信與歡樂的肢體語言。而製作方式則是將彩色熱塑性塑膠夾在兩片透明的塑膠中，再加熱後塑形。另外，色彩的選擇方面則參考酚荃塑膠（bakelite）和班達拉斯達塑膠製品（譯註：Bandalasta，一種1920年代在英國伯明罕出產的塑膠家庭用品）。至於可活動的部份乃是採用類人體關節的銀製物作接合，這種罕見的方式取自於傢俱製造工業。

《舞者》

這件作品《舞者》(Dancers)是因設計師受舞者跳舞時身體姿態散發出的獨特魅力所吸引，便立刻捕捉了多種的舞動線條和輪廓，且開始著手設計。在材質的使用上則選擇了熱塑性塑膠。此種原料的特性有：豐富的色彩選擇、表面可接受染料、重量輕巧、加熱後可塑性高、還有邊緣能反射光線的能力，即是能塑造這些舞者造型的關鍵所在，充分表現出她們活力四射的表演能量。

由於肢體動作是設計的重點，所以製作前的人體素描對於設計師是否能深入瞭解人體各部位的美感佔有影響地位，也難怪設計師們在設計前，總要研讀相關醫學資訊，並安排素描課了。再者，製作過程中還包含了不同的繪畫工具，像是特寫舞者姿態的巨型看板所用的炭筆和粉彩筆，還有測試作品結構時所用的墨水和墨水筆。此外，設計師也會製作許多模型來確認這一系列作品在佩帶時是否舒適，還有當擺放在架上展示時，無論近或遠看，外觀是否如人形。

上圖：這件以熱塑性塑膠製作的珠寶飾品看起來就像謝幕的舞者排成一列，並肩向觀衆席鞠躬致敬。作品的邊緣反光不僅為其增添些許的朦朧色彩，也吸引觀衆去注意飾品細節。而簡單的扣頭設計則是讓人們在佩帶時，有更自由的選擇。

敘事性：概論

敘事性珠寶總是吸引著衆人的目光。不單只是因為設計中藏了一些故事，而是它能讓佩帶者或是觀衆產生了似曾相識的奇妙感受。

訴說故事

由於珠寶可以將平面的繪畫、影像與立體的雕塑、結構作一個完整性的結合，所以那些敘事性的設計才得以誕生。

就像戲劇舞台一樣，珠寶也是利用「有限的空間」為各種故事搭上佈景，而這「有限的空間」自然就是珠寶作品本身了。但不同的是，珠寶作品並非由演員來揣摩心境，重現這整個故事，還有這齣劇（即敘事性珠寶）的内容和結尾也完全取決於觀衆的看法，非如戲劇把完整的故事架構交待得一清二楚，不過珠寶偶爾也會出現暗示故事結尾的設計。無疑的，這的確是珠寶「任意妄為」的一面——這舞台僅提供一個場景，其他就需要觀衆自行去體會了。

因為珠寶的尺寸不大，那麼其中包含的敘事物件就必須縮小。這些迷你的縮小物件可以加強訴說故事時的神秘，而讓觀衆驚奇萬分，就彷彿見到孩兒時代所收集的那小玩具。

左下圖：敘事型珠寶作品的包裝或呈現方式可以營造出其特殊風格，也就是說，適當的展示佈置可以讓觀衆更容易瞭解珠寶背後的故事内容。這件作品的主題是四枚戒指，而蜘蛛則是敘事舞台中的一個小配角，它就是設計師用來裝點詭異世界的靈魂人物。

右和下圖：這間以黃金和琺瑯建造的華麗屋子，可以被拆成六件不同珠寶，它們分別代表故事的某一章節。因此，若這間房子未被拆開、仍保持原樣，觀衆自然無法知道故事劇情。

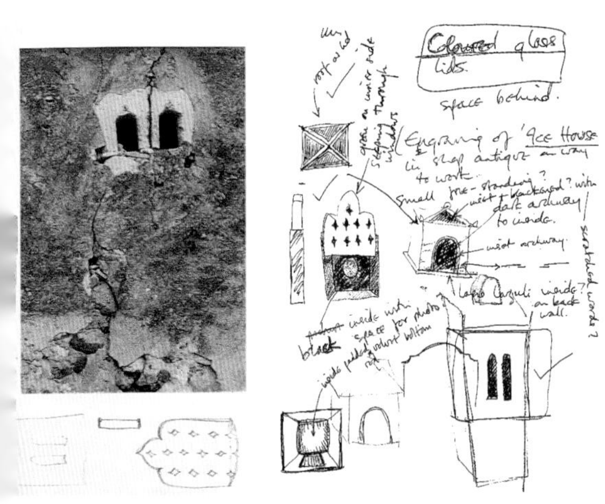

左上、左中、左下圖：三件作品同為一款珠寶設計，而靈感則源自於設計師在旅行途中看的建築物。第三件作品中的小窗簷讓許多人如置身五里霧中，不過我想，第二件作品裡的兩個小窗口，應該也同樣讓人匪夷所思吧！

右下圖：設計師藉著這兩款造型簡單的銀製胸針，正緩緩訴說人們在生活中必須肩負的重擔。左方黑色胸針上停留了一隻美麗卻脆弱的蝴蝶，牠代表著受家庭約束且無力脫身的女性。而右方白胸針則用鐵鍊鍊住一個氣球，它則象徵人們處於奢華生活卻如遭囚禁。

互動

故事裡各角色的對話和行為所組的「互動」，即是劇情。而這「互動」的感覺正是設計師們要藉由珠寶傳遞給大眾的，因此設計師便會在這些敘事性珠寶中使用一些特殊的小技巧，來描述某件事或是解釋某一種狀況，以用來鼓勵觀眾或是佩帶者和作品產生「互動」，進而瞭解作品背後真正的意義。

也許會有人疑惑珠寶與佩帶者之間的「互動」到底指些什麼？其實這互動方式即是使佩帶者將本身的看法與創造力加諸在作品上。想要讓作品與觀眾擁有成功的「互動」之前，必須先將基本的架構和所要傳達的訊息呈現出來，就像舞台佈景一樣，然後再加上一些配角般的小景物增加敘事的流暢度。而作品的標題是非常重要的，它是提供故事內容線索的必備「簡介」，所以標題的遣辭用字更需費心。標題不但能直接點出作品的主題，甚至在閱讀標題的同時，即與作品在腦海中有了「第一類接觸」。

另外，這類的珠寶還可以設計一些如同童書中機關，類似鎖頭，或是立體的彈出物，這不就像在邀請觀眾或佩帶者與作品有實際的接觸、互動嗎？舉例來說，拉起某個把手時，就會顯示出後面隱藏的圖形、物品等，諸如此類的機關。

敘事性：名家範例

右頁：設計師組合了素描本中許多圖片、形狀和象徵圖樣，來尋找適合描述以生命旅程為主題的構圖。我們可以很清楚地發現人形主角的存在或是缺席，對作品的涵意不同。雖然臉孔有些很細微的表情變化可以留下相關的主題線索，但其中奧妙仍須留待觀眾自己去解讀、想像。

“每個人的一生似乎都任憑一股神秘力量，帶領著自己讀肉體和精神，穿梭在由時間和空間所構築的世界，來完成一場精采的旅程。而《十字路口》(Crossing)這件作品，對我來說，不僅是個死亡的象徵，一件具有紀念價質的作品，更是個情緒出口，藉此來抒發親人們死後進入另一個世界對我的影響。”

傑克．康寧翰 (Jack Cunningham)

《十字路口》

製作珠寶其實是一種用來捕捉、收藏、與仔細思考自身情感和感受的工具。透過多款胸針的製作，傑克．康寧翰終於了解並鑽研出許多方法來提升敘事性作品的層次，讓這些作品如同紀錄片般，放映出他人生旅程中的每個小片段。

這些胸針用各種不同的形狀、材質來象徵並記錄他過往的回憶、經驗、感動、或是和某個人相遇的過程。若仔細鑑賞這件美麗卻帶著淡淡感傷的作品，就不難發現設計師將逝去親人的那種悲痛完整地記錄在作品裡，以此表達其對親人的懷念。看到了嗎？長著翅膀的十字架代表天使，而下方的尺則代表死者的壽命。

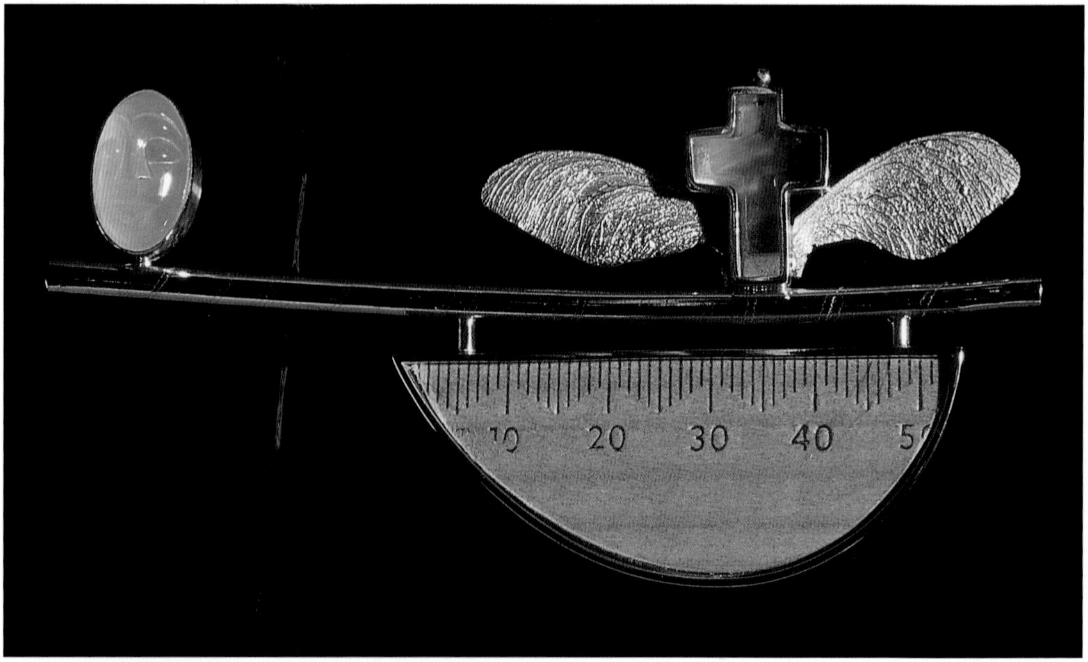

右圖：這件作品旨在表達設計師對某位親人英年早逝的傷痛，卻又同時展現出看淡生離死別的釋然。那對十字架上的翅膀彷彿告訴我們，死去的親人即將走入一個的無憂無慮的世界，在世的親友無須悲傷。

象徵性：概論

珠寶幾乎都會被人們賦予一些特殊的象徵意義。例如它可以是一種誓言、盟約、紀念、或是特殊事件的標記符號。就像業者會在情人節的前夕大力促銷對戒一般，而兩枚外觀完全相同的戒指，自然也就代表著願生生世世相守的戀人了。或是在使用的材質或設計上，用來強調作品概念中的某個想法。

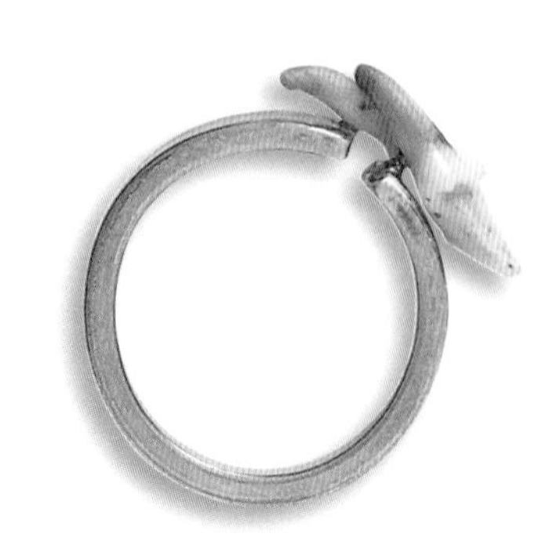

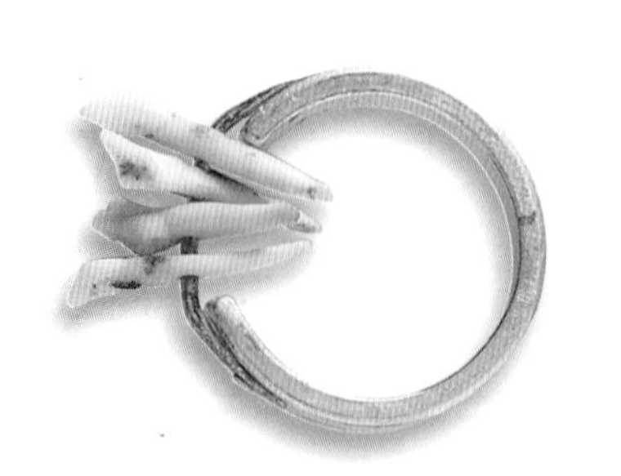

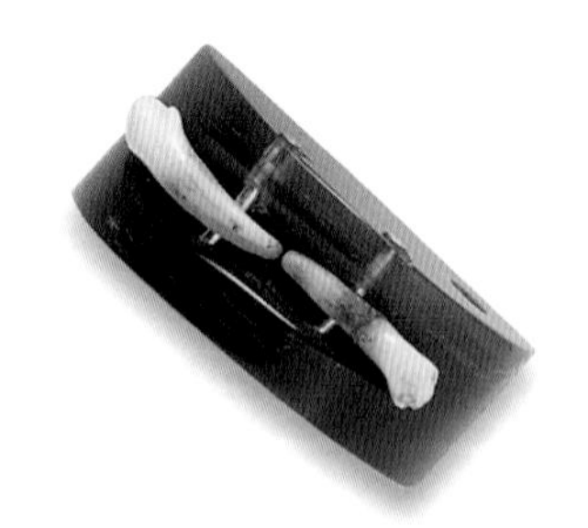

紀念性的象徵

某些形式的珠寶雖擁有約定俗成的象徵意義，但觀衆並非由作品的外觀投射情感或作出這樣的反應，之所以會造成特定的象徵性，完全基於此種形式的珠寶本身代表的傳統意涵。舉例來說，即便不同種族文化的人，皆瞭解結婚戒指的意義為何，並認為它代表著這對即將共同生活的新人，所作出對此生彼此關懷照顧的誓言與契約，所以人們並不會因戒指的設計不同而產生疑問。

另外，還有些珠寶樣式是為了特定的事件而出現的，所以設計師必須仔細思考作品背後的意義。好比

上圖：雖然設計師在這一系列作品中使用的小牙齒並不討喜，甚至略帶怪異，但由於人類的好奇心作祟，讓觀衆都想知道這牙齒的主人到底是誰。

左圖：這款用22 K 金和珍珠所製作的胸針，設計師饒富趣味地將一些花瓣藏在白水晶後方，乍看之下，有種嫵媚的美感。

在美國，若戴上與圖章戒指（signet ring）形式相仿的「期戒」（class or graduation ring）就代表了結束高中或是大學這段求學生活。

再者，我們也會未某些特定場合，打造專屬的珠寶。而它所包含的設計元素就象徵與之相關的人、事、物。

迷信與宗教

有些特殊的材質或造型則是代表某個宗教的標記，諸如法器這類的東西。對於那些將此奉為信仰的人來說，這類符號的確可以撫慰他們的心神，並使他們相信其所擁有的強大守護力量。如同基督徒之於十字架，道教徒之於八卦一樣，這些具宗教象徵的珠寶不但讓人小心翼翼保護著，同時也因為崇拜的行為而大大增加了它的價值。

預防邪靈靠近的護身符（amulet）也常常被人們當成珠寶飾物佩帶，因為相信這類珠寶須時常帶在身上才能發揮驚人神秘法力。避邪物（talisman）也是一樣的道理。這是一種淨化人體磁場的理論，由於此類避邪性的珠寶都是由人們所認定的神奇材質所製成，如水晶、黑曜石等，所以若是長時間佩帶，必有帶來好運的功效。

正因為有許多材質和造型被認為擁有神秘力量，所以可在設計時考慮是否用來強化整體的設計概念。舉例來說，四瓣的幸運草代表好運的到來，但開口朝下的馬蹄鐵卻暗示著會招來厄運。

珠寶中如果運用一些人的頭髮或是牙齒，可能會令部分的人覺得非常不舒服。但若使用得宜，也不失為讓人印象深刻的設計元素。

右和下圖：這款胸針名為《愛的小盒》(Love Kif)，命名的重要，請觀衆自行想像了，不過倒是有點可以略作提示——下圖照片是作品的靈感來源。有些人認為這件作品是為了紀念在此長眠的某人；但不可否認的，也有可能是對處於另一世界的他給予永恆的祝福。

左圖：傳統圓圈造型的婚戒在此被圖章式的戒指所取代了，戒指上還刻有一個用來代表婚姻的紋章。雖然這款戒指的造型與一般常見的樣式不同，但在佩帶者的眼中看來，這對別致的婚戒仍具有深刻意義。

象徵性：實例說明

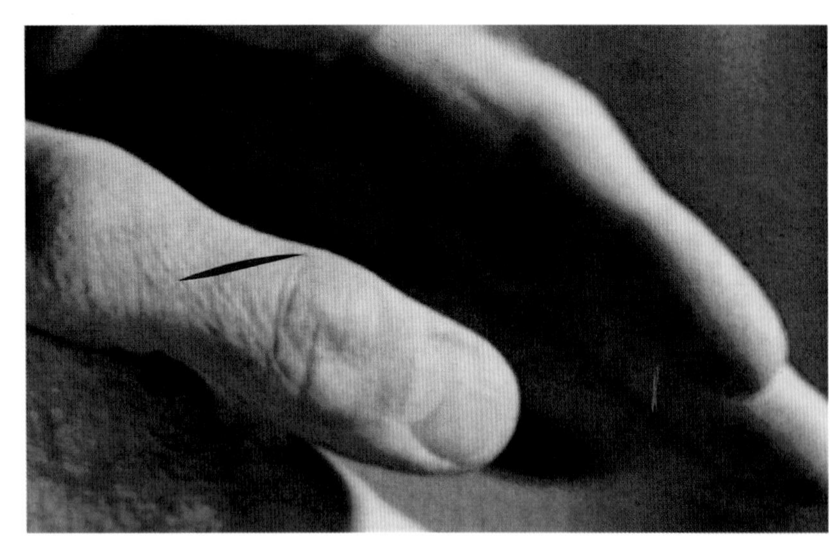

左和上圖：相片裡帶著傷痕的手是這枚銀戒的設計概念。造型潔白的戒指好似帶著割痕的第二層皮膚。

關鍵要點

幾乎所有的材質與造型都有其象徵意義，這些涵義可輔助設計概念被精準地表達。

*

帶有兩種或兩種以上意義的象徵符號，是創作出更富幽默感和深度作品的主因。

我們自認為平凡無奇的物品或事件，也許對其他人來說卻是意義重大。而珠寶設計就是反映了這類型的落差關係，進而創造出足以表示這些事件、情感或是構想的作品。

記號和傷痕

我們常常有股惡作劇的衝動，想在水泥未乾前踩上自己的腳丫子，這種想要留下足跡的動作，就被解讀成為永恆的代表。因為就在一剎那間，捕捉到了人的形體（腳的形狀）與本質慾望。既然這種方式即代表永恆，那麼何不結合其他方式來達到設計的目的？比方說，一對新人以在水泥板上簽名的方式來取代訂婚戒指，而這件泥塑作品即是兩人幸福婚姻的見證。

本頁所展示的作品中，均可看出設計師對不同記號代表的象徵意義有濃厚興趣。皮膚上的傷疤正是這件作品靈感來源，表面的切口就代表了在肉體和心靈上的傷害，宣告了生命中某段不堪的傷心紀錄。

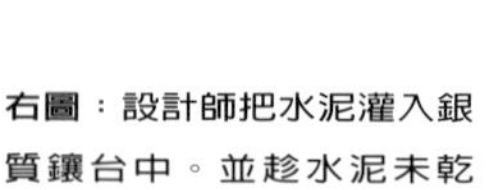

右圖：設計師把水泥灌入銀質鑲台中。並趁水泥未乾前，趕緊刻出所要的記號。

生命的象徵

那些和人生旅程有關的各種符號竟成為設計師的靈感。下頁中的作品主題為「家」，指家庭對每個人的保護功能。代表「巢」的盒子中放置了一枚代表「成長」的戒指；而戒指上的樹苗造型則暗示對知識的渴望。如果取出戒指帶上，就有可能會弄壞它；但是若將它置於盒中，卻又無法看見它。這就好像人一旦離開家庭的「保護傘」，就有脆弱的可能。

被設計師列入考慮的戒指造型有：鳥、樹、種子、和蛋。

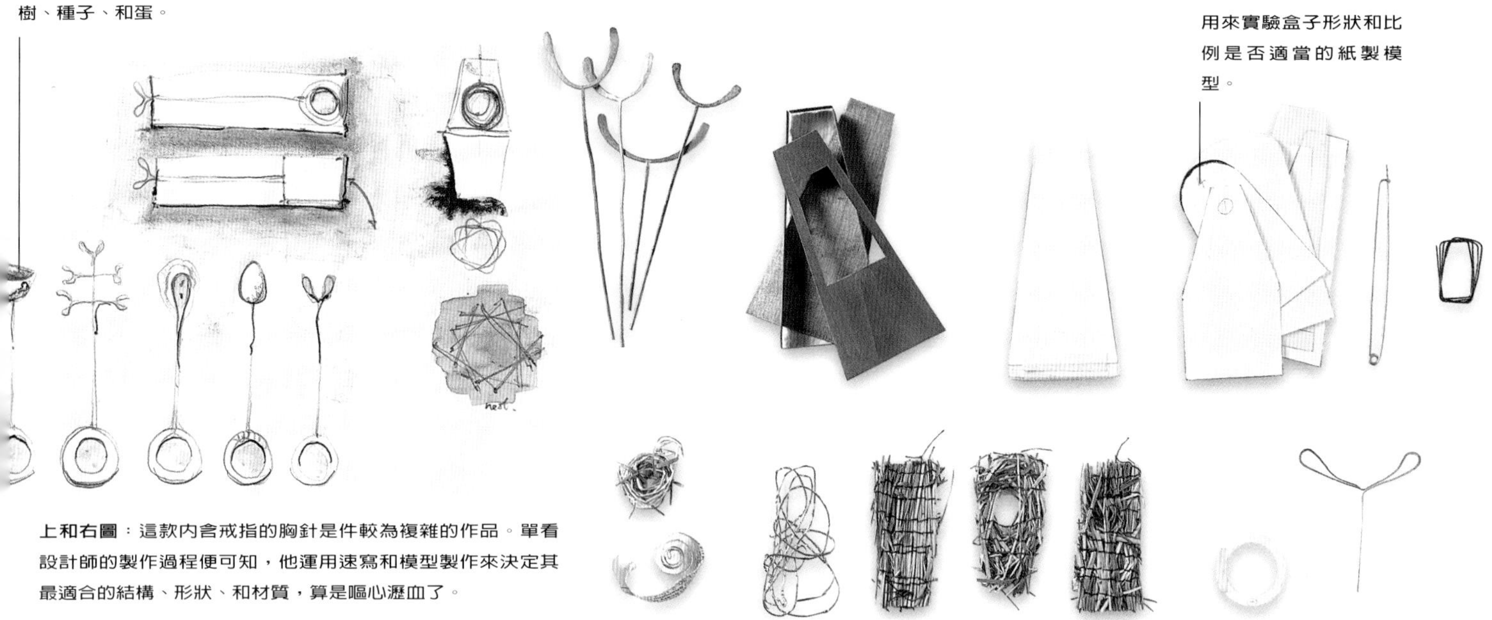

用來實驗盒子形狀和比例是否適當的紙製模型。

上和右圖：這款內含戒指的胸針是件較為複雜的作品。單看設計師的製作過程便可知，他運用速寫和模型製作來決定其最適合的結構、形狀、和材質，算是嘔心瀝血了。

盒子的形狀也具有深遠的意義，它使人聯想到棺材或節拍器，但無論是哪一個，兩者都與時間的流逝有著密切關係。這件作品絕大部分都是由強韌的鋼材製作的，不過因為設計師是使用很薄的鋼片，所以讓整件作品產生輕巧的錯覺，或許這正說明設計師對時間流逝並未存有消極的哀傷，而是以樂觀的心情來面對。

作品與觀衆的實際接觸是作品概念中不可缺少的一部分。只有透過親手把玩，觀衆才有可能知道盒子中放置的是什麼，而作品又隱藏了什麼涵義。

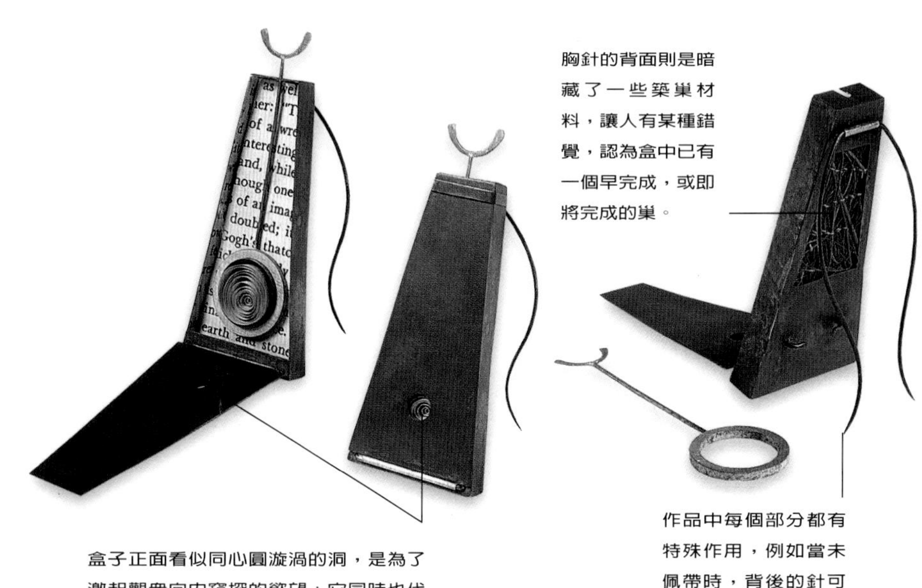

胸針的背面則是暗藏了一些築巢材料，讓人有某種錯覺，認為盒中已有一個早完成，或即將完成的巢。

右圖：這件作品中的樹苗代表人們在生命過程中所經歷的各種美好事物，而盒子就是生活觸角。當盒子關閉的時候，只有部分的樹苗能露出來；這就好似讓家庭過度保護的人，勢必永遠無法明白自己的潛能所在。

盒子正面看似同心圓漩渦的洞，是為了激起觀衆向內窺探的慾望；它同時也代表樹苗與外界的連結。而盒內所嵌入的文字，是篇描寫「巢」的文章。

作品中每個部分都有特殊作用，例如當未佩帶時，背後的針可作為展示用支架。

象徵性：名家範例

❝我在一些客戶朋友身上發現，似乎每個人多多少少都無法從過去的傷痛中抽離，縱使時間流逝，也無法讓已造成的影響憑空消失。反觀我自己亦是如此，六年來彷彿還活在得知么弟意外死亡的那一瞬間。這次藉著製作一系列的珠寶作品，我終於讓這段痛苦記憶得以安息，即便製作過程中，反覆地與過去的自己拔河，但是我知道，作品發表的那天，就是我能更勇敢面對生命的那天。❞ **惠蒂尼．亞伯拉罕 (Whitney Abrams)**

右頁：這些戒指、項鍊、耳環，都是設計師一系列具有紀念價值的作品。設計師使用於作品中的寶石、頭髮、花朵等等，都象徵自己在生命過程中不同的美妙經歷。那些深具含意的素材彷彿藉由作品，讓佩帶者感受到它們曾經捕捉的某段記憶、對某人的感謝或是設計師的成長足跡。

可翻轉的哀悼戒指

珠寶製作有時反而是設計師的情緒出口，用來抒發自身沉重的生活壓力，像惠蒂尼．亞伯拉罕便將作品視為一種管道，將自己對死去親人的複雜心緒，由哀傷轉換為成長的動力。因此，她用了么弟的頭髮製作一枚戒指，以紀念不幸英年早逝的他。這件在某種程度上對她具有沉澱作用的作品，也開啟了她對於象徵符號的求知慾。她發現象徵符號背後所隱藏的力量不但可治癒人們受創的心，同時也讓每個人紀念生命中的種種美好與哀傷。

以在英國維多利亞女皇時代所興起的「服喪珠寶」（譯註：mourning jewelry，即是指維多利亞女皇所佩帶用來紀念她過世丈夫的黑玉〔煤精〕製珠寶，當時蔚為風行）而言，此類具紀念性質的作品，對惠蒂尼影響甚鉅。她在作品中使用的水晶與寶石，不僅為作品增添美感，也同時兼具心靈療癒的作用、或代表黃道十二宮、私密情愫等意義。在明白這種類似護身符的珠寶深受人們喜愛之後，惠蒂尼決定擴展創作的範圍，將其他如迎接出命的喜悅，也一起納入作品的主題中。

右圖：看看這枚帶有悲傷記憶的戒指，親人的頭髮被放置於透明水晶與以凹雕技法製作的紅玉髓（carnelian）中。而設計師特地將戒指的鑲台做成翻轉式的，目的就是讓佩帶者可選擇與他人分享作品的內在意涵，或是把紅玉髓那面朝上，將所有的感情埋藏在自己心中。

象徵符號：概論

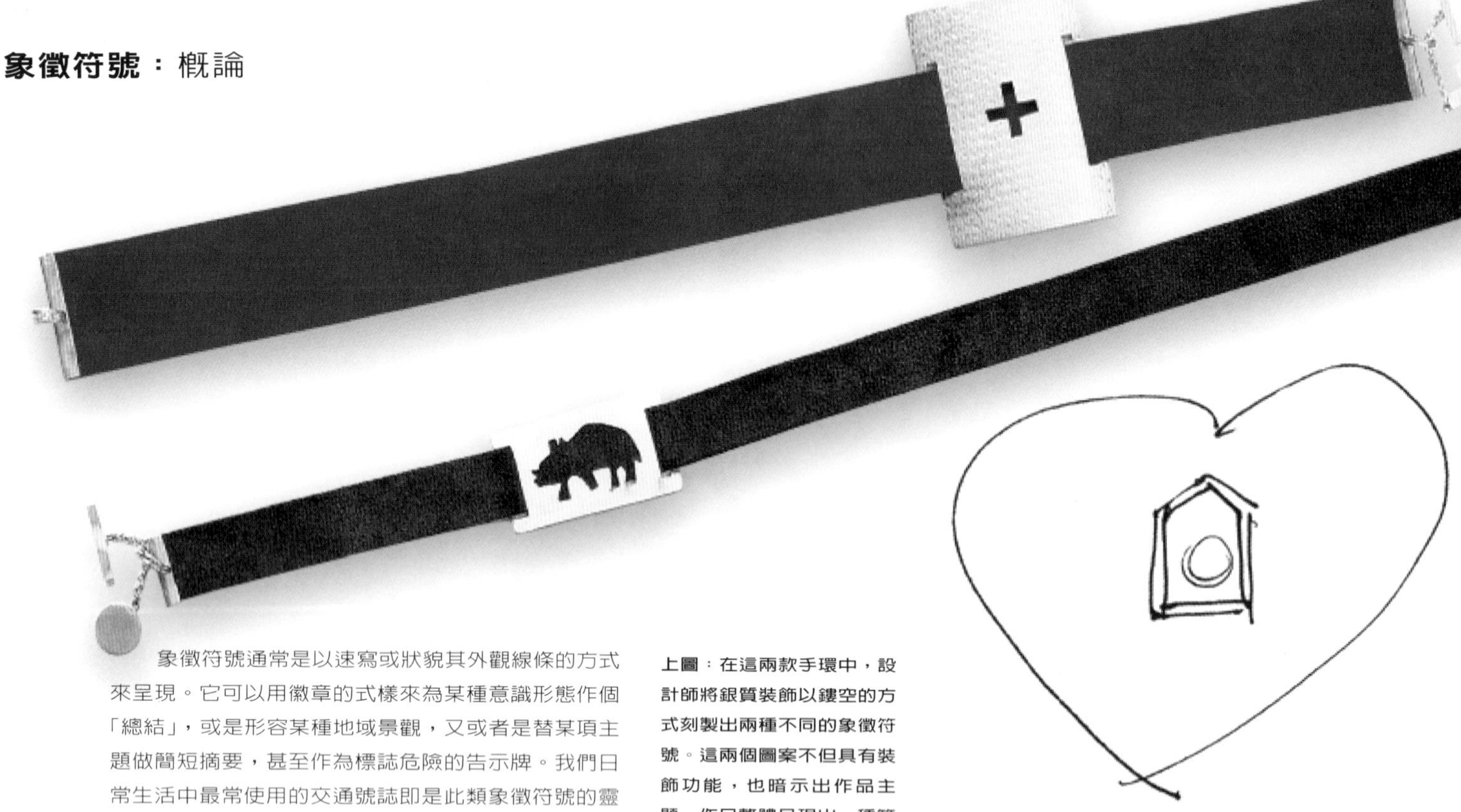

象徵符號通常是以速寫或狀貌其外觀線條的方式來呈現。它可以用徽章的式樣來為某種意識形態作個「總結」，或是形容某種地域景觀，又或者是替某項主題做簡短摘要，甚至作為標誌危險的告示牌。我們日常生活中最常使用的交通號誌即是此類象徵符號的靈魂人物。

維持與喚醒

象徵符號可串聯設計品與某個事件、主題。而這些象徵符號通常會與時事新聞產生特殊連結關係，好比說解除核子武器的威脅等等。有時候這些符號也會成為某種意識或文化的代表，如自由女神像。

許多象徵符號是全世界通用的，但也有少部分的符號只在某些特定的族群中具有意義。舉例來說，愛心符號便是個全球通行的象徵符號，且已經流傳好幾個世紀；反觀太極的陰陽符號，雖存在已久，但直到近幾年才被廣泛討論。

上圖：在這兩款手環中，設計師將銀質裝飾以鏤空的方式刻製出兩種不同的象徵符號。這兩個圖案不但具有裝飾功能，也暗示出作品主題。作品整體呈現出一種簡潔、明朗的線條美感，且能時常佩帶，搭配指數可說是百分百。

右上圖：這是一個用愛心記號將房子框住的圖像。它無疑是暗示我們設計師想要探索這兩個名詞在生活中的關聯與象徵意義。

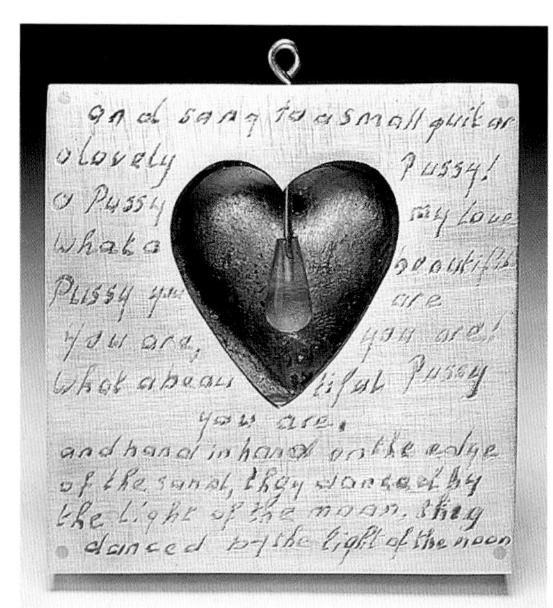

右下圖：愛心的造型被置於墜飾正中央，愛心周圍刻了一首詩，訴說著曖昧不明的愛情。

左圖：圍繞在鑲台四周的紅心，成功地轉換這枚結構普通的戒指為定情之物。它散發出一種多愁善感的特質，使人對背後的愛情故事非常感興趣。

右圖：代表無邪的玫瑰花刺與十字架，都是基督教中強而有力的象徵符號。它們與帶著荊棘冠冕的基督聖像關係密切。

宗教的象徵符號

長久以來，珠寶作品都與宗教有著某種關聯。不同的宗教都有其代表符號，例如十字架之於基督教、大衛之星（六角星）之於猶太教、或是半月形符號之於回教等等。這些符號一直出現在珠寶設計中。

這類與宗教相關的圖像符號，可以激發人們人們強烈情感與立即的反應。所以如果想在設計中使用此類符號，就必須先花點時間來瞭解這些符號背後代表的意義。有些符號無法適用於不同文化，其代表的意義只為特定族群所瞭解，舉例來說，德國納粹的國徽與佛教中的萬字看起來非常相似，但它們所蘊含的意義卻完全不同。也許可以利用這個奇妙的巧合來表達某種特殊觀點，或是將它運用在類似雙關語的設計中。不過得小心，錯誤的引用將會讓作品陷入重重危機。

左圖：這是設計師在素描本中，專門探討生活中各種象徵符號的一頁。

關鍵要點

一個象徵符號可以擁有許多代表意義。

*

處理象徵符號的不同方式會影響到它對主題的衝擊力道。

象徵符號：實例說明

在自由發想的過程中，應學習將象徵符號等圖形放在迥異的背景中，看看同樣的符號在不同情境中所代表的含意將會產生何種變化。

從宗教符號到醫療警訊

十字架除了有宗教相關的意涵之外，還有許多其他不同的象徵意義。像是這個「X」記號，它既可作為定點標記，或是某張問卷上代表錯誤的記號。甚至在數學考卷上，也代表了兩種意思：答案錯誤，以及運算符號中的乘號。「X」還有其他含意，如親吻（譯註：在英語系國家當中「X」代表親吻，而「O」代表擁抱，「XOXO」則是信件或賀卡上常見的結尾問候語。）、選票上的圈選註記、或是與醫療機構有關的符號。下圖即是設計師以十字這個主題不斷重複出現胸針上，但不難發現，看似相同的符號卻有著

下圖：這位設計師顯然對十字符號十分感興趣。他在此記錄一些不同靈感。

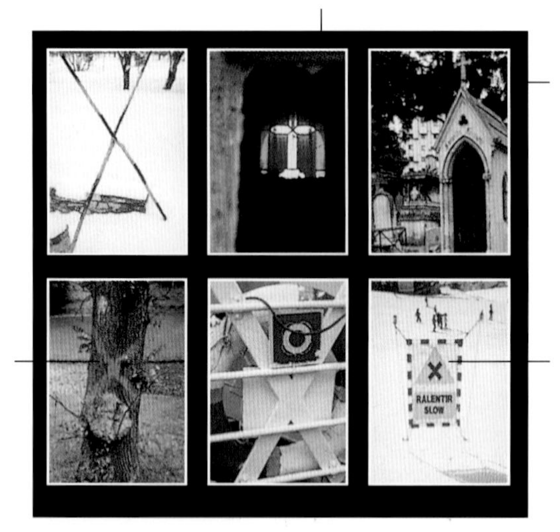

十字架在宗教情境下，出現在教堂的鑲嵌玻璃窗上。

十字架再次出現於和宗教相關的情境中。不過這次所著重的議題較偏向死亡。

一個代表定點的十字。它可能意味著這棵樹即將遭到砍伐，或是代表了某段路徑中的標示。

「X」在此含有警告的意味。

下圖：在這一系列胸針中，十字外型被重複使用了三次。設計師的用意即是邀請觀眾為這三個帶有不同含意的十字胸針下註解，自己並不預設任何立場。

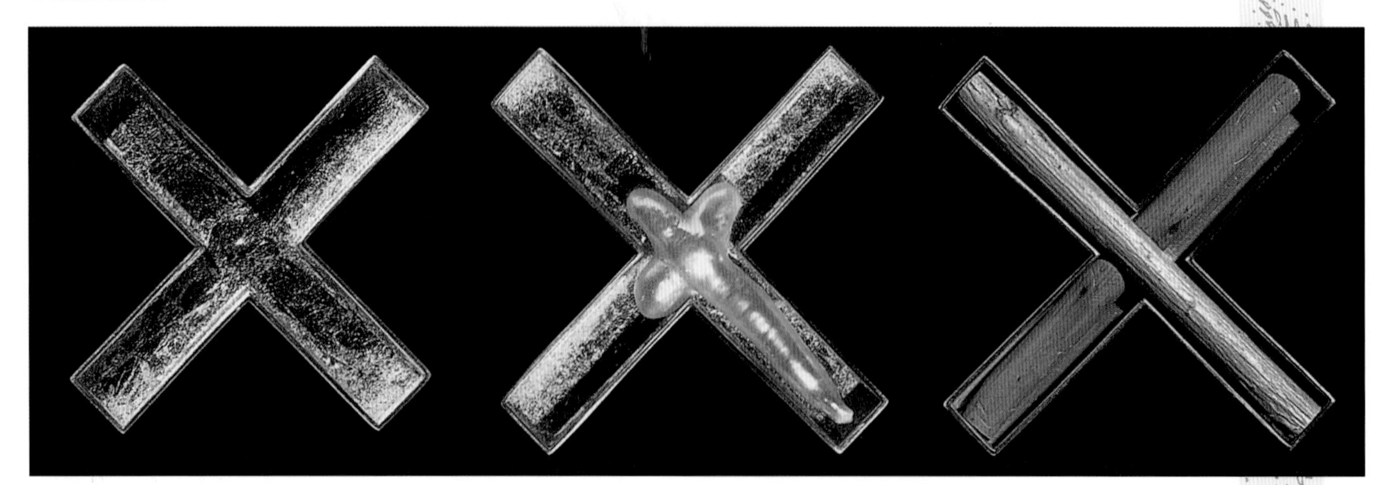

左圖：這件傳統的珍珠項鍊以耀眼的黃金十字架作為扣頭造型。

上圖：設計師雖然緩和了十字象徵意涵的影響力，但作為裝飾元素時，十字造型仍然帶有搶眼且規律的視覺線條。

各自不同的意義。作者希望觀眾可運用想像力，對這些作品賦予獨到的想法。

由上圖的項鍊和耳環可知，雖然十字符號作為裝飾作品的元素，在某種潛意識中，仍代表著某種特殊的含意。但為了減低十字符號的象徵意涵帶給觀眾的衝擊與影響，作者另外替十字加上外框，甚至還在周圍使用各類材質，強調其裝飾地位。比方說珍珠和黃金十字架的組合，即營造出一種懷舊氣息。

解放我

自古以來，「魚」一直是靈性與智慧的表徵。下方這件名為《別限制我》(Don't Box Me In)的設計，是一件以觀眾立場切入的謎樣作品。只有經由實際接觸，觀眾與佩帶者才會發現這件作品其實是一副耳環。只要將魚和底下的方形物分開，一對左右不對稱的耳環立刻出現眼前。這款以考驗人們機智為主題的耳環，如謎底般的佩帶方式，即象徵魚終於脫離限制、重獲自由。而魚身的部分則以「墨魚骨澆鑄技法」（Cuttlefish Casting）製作，此種技法產生的表面紋路，成功地捕捉了魚鱗質感與魚身的動態。

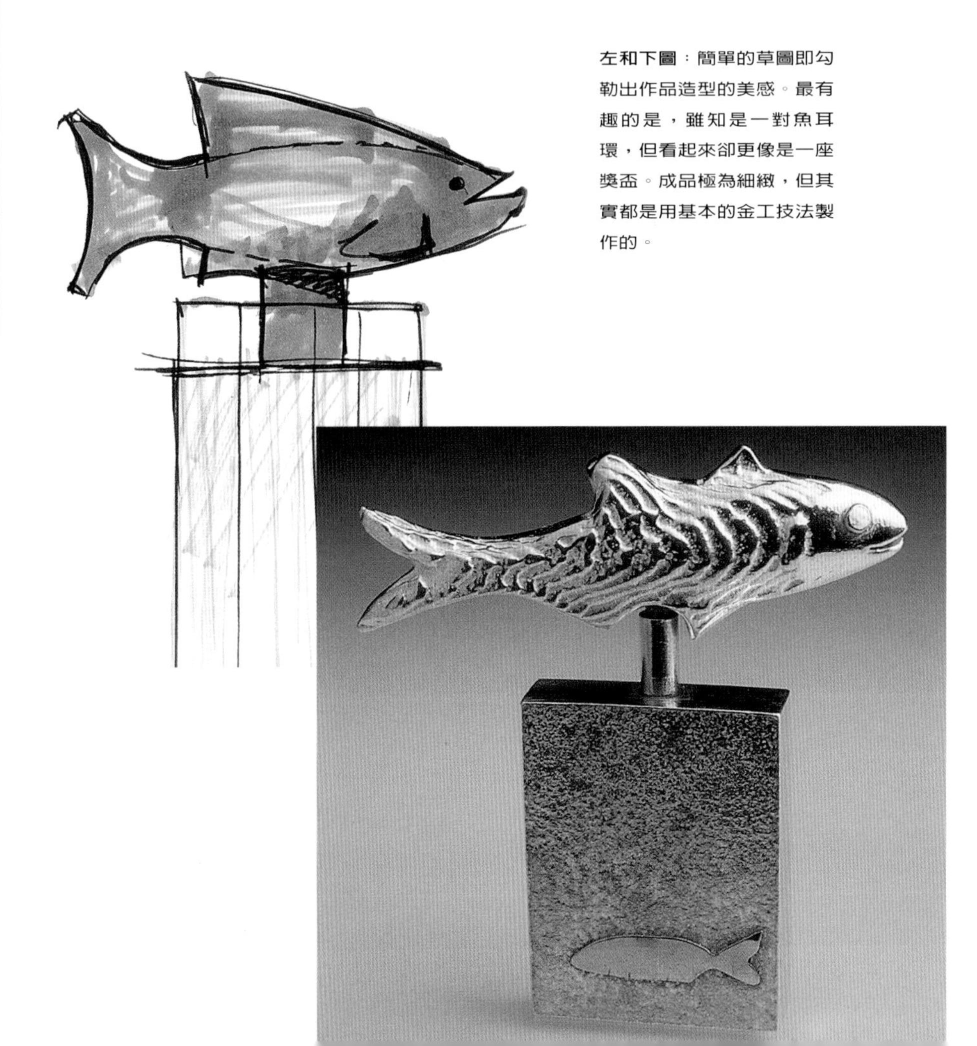

左和下圖：簡單的草圖即勾勒出作品造型的美感。最有趣的是，雖知是一對魚耳環，但看起來卻更像是一座獎盃。成品極為細緻，但其實都是用基本的金工技法製作的。

象徵符號：名家範例

“針對那些喜愛追求名牌的人，這系列的作品採取溫和的方式取笑這群財大氣粗者，總不願將價錢標籤拆下的愚蠢行為。”

史黛西·勞倫奇 (Stacey Lorinczi)

右頁：在自由發想的過程中，各種具代表性的象徵符號被一一列出，並展開探討。因此便由之前項鍊的主題而延伸出一系列與流行業界相關的作品。上圖的那條手鍊，綴有許多刻著不同匯率的價錢標籤裝飾，包括美金、英鎊、日圓、法郎和葡萄牙幣等等。另外，右下方那對耳環上的紅色的愛心與子彈，以及左下方胸針的價格標籤與箭頭，皆代表消費者主義。

《心痛·美國》

這款復古味道十足的項鍊《心痛·美國》(Heartsick for America)，它的靈感取自服裝設計師馬洛克·雅各(Marc Jacob)的那種帶點嫵媚、灑脫不羈、卻又嬌羞的女性美感。鍊條部分的造型是將箭以圓弧方式連接而組成，並在扣頭頂端加上一個價錢標籤來反諷奢華的消費主張，但是項鍊的主題顯然是在墜飾部分——愛心和槍的組合。在美國，槍枝文化常常成為人們激烈辯論的主題，人民合法擁有槍枝，卻造成層出不窮的社會暴力事件。愛心則象徵傳統，設計師甚至還用了老掉牙的刺青標誌，這也是個經常出現在美式珠寶中的符號。

槍形墜飾和粗金鍊條的搭配，使人反射性地聯想到美國黑人的街頭幫派文化。諷刺的是，有許多並不瞭解此種次文化的人模仿了這股流行，根本不明白這些東西所暗示的嘲弄。

右圖：雖然這條項鍊看起來頗具流行感，但是背後代表的現代文化卻備受爭議。

Shot
through the
Back view
EARRINGS
coral and
brooch
Ring
back view
Back
£6.720.000
£3.065
$3.065
$1.095

流行時尚：概論

流行時尚是社會脈動的一道指標。不管是反應在流行珠寶、社會話題或是政治論點、甚至人們精神的意念，設計師都可從許多生活層面抽思剝繭地得到創作靈感。

流行的保鮮期

流行珠寶的設計是以搭配服裝秀為基礎，所以流行的時效性轉瞬即逝。這種類型的珠寶已存在多時，但一般人較熟悉的應該是它另一項稱號，即「流行飾品」（costume jewelry）。

現在，針對主流消費市場而設計的流行性珠寶可說是唾手可得，因為製作成本較低，又被大量生產，價格當然也壓低不少，幾乎人人都能負擔。但即便價格便宜，也不表示它製作粗糙或欠缺質感。只要設計出色，並得到人們的讚賞，流行性珠寶一樣也能延長賞味期限。

右圖：這些以絲帶充當酒塞的可愛小別針看似童趣味濃厚，酒瓶上的刻字卻極富諷刺意涵。（譯註：汽油彈原文為莫洛托夫雞尾酒"molotov cocktail"即是以前蘇聯外長莫洛托夫Vyacheslav Molotov的名字命名，也就是取玻璃瓶裝汽油當成炸彈之意。莫洛托夫後遭放逐。）

右下圖：這是一款骷顱頭造型的流行珠寶，真讓人打從心裡喜歡它，而設計師所使用的藍色絲帶更有著畫龍點睛之效。

左下圖：這款五彩繽紛的項鍊可為許多單色系衣服加分。

傳統與商業化之間

一般大眾對有趣且獨具個人魅力的珠寶在製作要求上越來越嚴苛，因此明顯地帶動一股設計師紛紛為流行界設計珠寶的趨勢。

這種具設計師獨特風格的流行性珠寶，可稱為「銜接珠寶」（bridge jewelry）。意思是指，這類型的珠寶被定位在貴珠寶和商業化的流行珠寶之間，且「銜接珠寶」所使用的製作素材和技法範圍也較為寬廣，從傳統的貴重材質到平價卻活潑另類的材質都有。

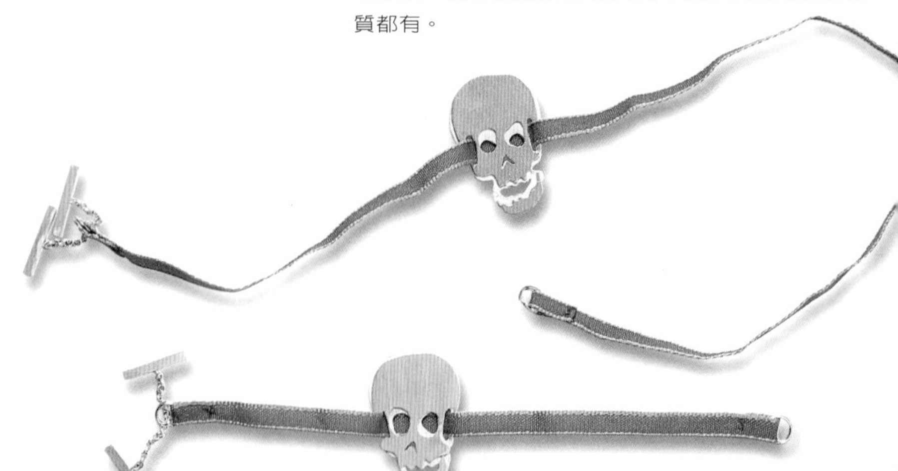

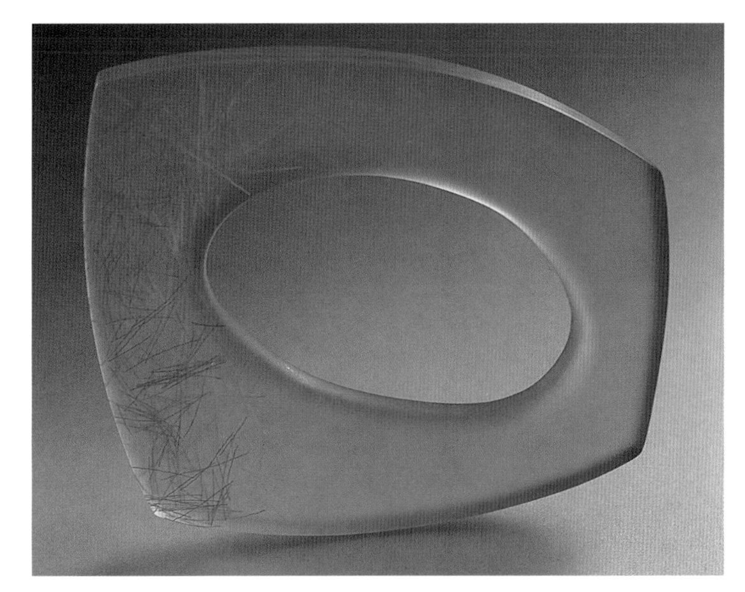

上圖：這款輕盈、虛幻又吸引人的藍色手環，其外型簡單又現代，與左下角細緻的紋路質感是最完美的組合。

那些活潑另類的材質包括了白鑞（white metal）、鍍上貴金屬的非貴金屬（base metal）、塑膠、玻璃珠、或是任何特別且可低價取得的材質。

價位是影響流行性珠寶是否能在市場上佔得一席之地的重要因素，由於必須參考主要客層的平均消費能力，所以訂價是否合理就顯得非常重要。若仔細觀察珠寶的消費市場即可發現，只要某款流行性珠寶標榜由設計師親手製作，價位就會高出許多，這和顧客願意付較高的價格來購買知名設計師或知名品牌的道理是一樣的，另外也因製工較一般大量生產的流行性珠寶來得精緻、質感較佳，而深受人們喜愛。

要將流行性珠寶轉售給經銷商，一般來說，一個系列至少要累積到三十件左右；這樣擺放在櫥窗展示時才能吸引人們的目光，也能提供消費者更多選擇。最暢銷的珠寶類型是耳環、戒指和胸針。但其他價格較昂貴的頸鍊、手鍊也是市場嬌客，它們總能輕易地成為顧客的目光焦點。

右圖：這是一款由橢圓造型組合而成的素雅肩章，並以逐次加長的鍊子垂掛在肩膀、胸前、上腹部等大半個身體。適用於任何大小場合，即使參加正式的宴會也可用來代替傳統珍珠頸鍊，是件極為引人注目的作品。

左圖：一般而言，流行珠寶常帶有某種誇張的氣味。這副不實用的眼鏡和造型怪異的領結，絕對會使佩帶者的氣質看來特立獨行許多。

時尚流行：名家範例

“我的作品主題一向非常清晰，又不乏新鮮活潑的感覺。質感來自於與自然有機的結構。至於外觀的設計上，則是參考那些帶有民俗風味、天然或人造材質製作，以及結構搶眼且隨性的珠寶為主。”

蘿拉．塔波 (Laura Tabor)

右頁：照片後所示是許多被設計師收錄在素描本中的浪漫圖案與造型。在夏天系列的其他作品中，蘿拉為區分不同設計靈感，刻意只使用最純粹的白色來表現。這些珠寶不僅適合模特兒走秀，甚至深得那些總穿白色婚紗的新娘子們喜愛。而採用壓克力和氣球橡膠製作成小玫瑰花的造型，這類便宜材質，更大大降低了設計成本。

夏天系列

蘿拉．塔波希望運用人造材質來展現自然風情和美感。她在設計過程中，發現一些非貴重材質不為人知的特質，因此便運用於作品中，呈現出前所未有的新風貌。她甚至還重新塑造這些非貴重材質、貴金屬與寶石，使作品進而展現出新潮、時尚、現代感的風格。她也藉著設計的前置作業——模型製作來實驗各種結構、顏色、花紋，以及因裝飾圖案的多寡所造就的不同視覺效果。這些都有助於創造出各類風貌的作品。

在開始設計一個系列的流行性珠寶之前，必須先蒐集許多情報、觀察流行趨勢。設計師除了具備珠寶的專業素養之外，對流行的敏銳度更是不可或缺，因為這些作品必須與當季流行的色調或風格搭配。如果設計師想要設計出一系列可搭配任何服飾——即使是不同質料、剪裁、樣式、顏色皆可的流行性珠寶，就必須對時尚工業有充分的瞭解。

本頁：這四款造型簡單的手環，都是夏天系列的一部分。作者先在塑膠片上印出玫瑰花瓣圖案，再黏上少許人造寶石代替露珠。

貴珠寶：概論

那些以貴重材質，如黃金、鉑金、還有寶石等製作而成的珠寶，統稱為「貴珠寶」。

傳統與前衛的拉鋸戰

與其他種類的珠寶相比，貴珠寶無論在製作過程或風格都似乎傾向於傳統珠寶的類型。也許是因為它們適合於各種場合佩帶，所以人們便不太會質疑它的金錢價值。有些人將購買貴珠寶看成是種投資，以致影響貴珠寶偏向保守的設計風格，即使貴珠寶的設計融合其他現代化元素，卻鮮少有革命性的改變。雖然這些貴重材質或寶石可重複使用，但縱使是經濟能力闊綽的顧客們，也極少請設計師特別製作一些創新且大膽的設計。

對很多人來說，購買貴珠寶是某種經濟上的負擔。不過那些經濟條件良好、能負擔得起的人則希望所購買的貴珠寶，較其他類型的珠寶有更多元多樣的用途；同時，他們還要求加強貴珠寶的耐用度，以便能長久佩帶。對貴珠寶的設計者而言，除了要使它們經得起長時間的佩帶，但又不能使作品看起來過於偏重在結構上的補強。

右圖：這是一枚以黃、白18K金製造的包鑲式（bezel-set）戒指。波浪狀的戒台配鑲了四顆碎鑽。

左下圖：這兩枚鉑金和鑽石製作的戒指很適合經常性的佩帶。設計師利用包鑲法將戒指中央的藍色剛玉包圍起來。兩旁的鑽石則選擇了平鑲（gypsy-set）的鑲嵌方式。這種鑲嵌方式因為沒有凸起物，所以不像爪鑲（claw setting）常會勾住佩帶者的衣物或劃傷皮膚。

右圖：這是一款由黃金和鑽石所製作的拜占庭式墜飾。雖然這是一件現代珠寶作品，但是22K金的「黃金珠立法」（gold granulation）和手工編織的金線項圈卻散發著古文明的氣息。

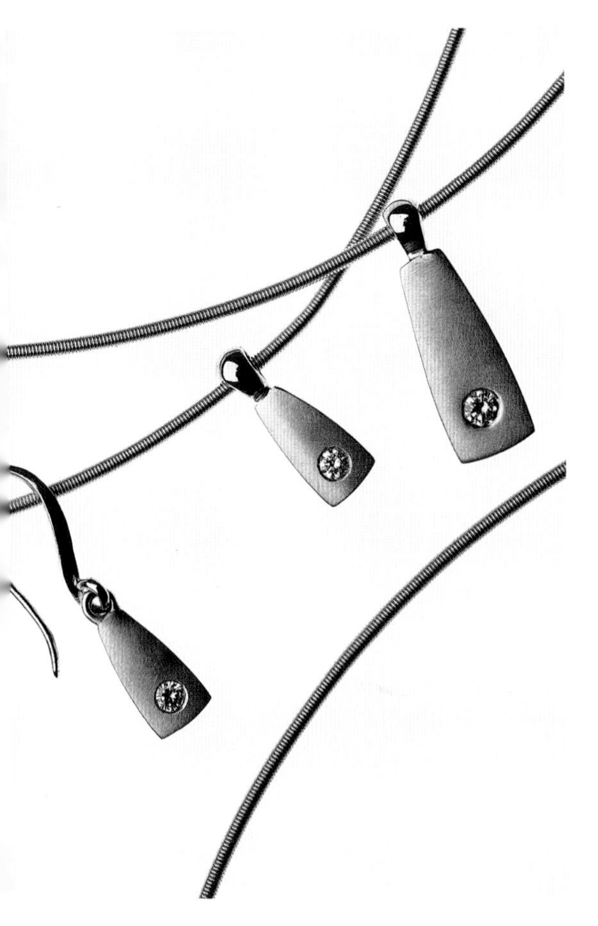

左圖：這是一套18K金的首飾。設計師利用類似的形狀但大小不同的造型來表現款式的差異，有大墜飾，小墜飾和一對耳環。簡單的造型適於不同的場合佩帶。既可以搭配牛仔褲；也適合觀賞歌劇時佩帶。

上圖：貴氣的珠寶不需要以花俏造型取勝。以這對尺寸稍大的鑽石耳環來說，圓形的包鑲台座就足夠襯托出它迷人丰彩，且台座上的紋路正好凸顯鑽石的多變光芒。

下圖：這枚新潮的訂婚戒指雖然使用較傳統的黃金與鑽石，但是它整圈的小圓鑽造型卻與永恆之戒（eternity ring）較為相似。

約定信物

只有某些家境富有的人才能把貴珠寶當成普通的裝飾品使用，因為它所選擇的製作材質在價格都非常昂貴。一般人若不是採用分期付款的方式，就是得先存夠一筆錢才會去購買貴珠寶。而購買的目的或動機往往是要慶祝某個特別的日子或場合。

最常見的購買場合便是訂婚。鑲有寶石的訂婚戒指和樸素的結婚戒指，是兩種最暢銷的珠寶款式。雖然訂婚戒指上的寶石有許多種類可供選擇，但鑽石仍受到大多數人的偏愛，因為它不但價值貴重，而且也是最堅硬的寶石。

貴珠寶：實例說明

稍微向上凸起的鑲台不但加深設計的層次，也突顯了設計主題：四顆寶石、四個孩子、四十年的人生。

這圈鑽石是以槽鑲（channel setting）方式鑲嵌的，如此可提昇鑽石的視覺效果。

本頁：對擁有四個孩子的媽媽而言，這枚用18K金、藍色剛玉、和鑽石打造的戒指是再適合不過的了。它不僅質地堅硬耐用，也能時常佩帶。

雖然貴珠寶極具價值的材質是否能長久保存是個重要關鍵。但這並不表示設計是次要環節。

紀念和慶祝

那種每天都會佩帶的珠寶，有時是因某些特定場合或情況而特別設計的。像本頁圖示中的這款珠寶，就是設計師為了慶祝自己的四十歲生日以及第四個小孩的誕生，著手設計製作的。整體造型是選擇了最適合的永恆之戒來表現。戒指上的寶石數目則代表了極深遠的含意：四顆藍色剛玉，是家中孩子的數目，而鑽石的總數則不多不少，剛好四十顆。日後縱使孩子們都相繼離家、獨立，這枚戒指會時時提醒它的主人別忘了對孩子及妻子的愛。值得一提的是，設計師的妻子就是戒指的設計委託人。

關鍵要點

貴珠寶的材質本身就具有一定的價值。

*

貴珠寶的作工必須非常精細。設計師與顧客都不希望因鑲台鬆動而使貴重的寶石遺失。

*

顧客通常會希望貴珠寶的設計能經典、又不易退流行，但這不表示得毫無創意、只遵循慣例。

為了確實達成顧客的要求，設計師會先按照此圖作出模型，以便顧客確認最後的設計定稿。

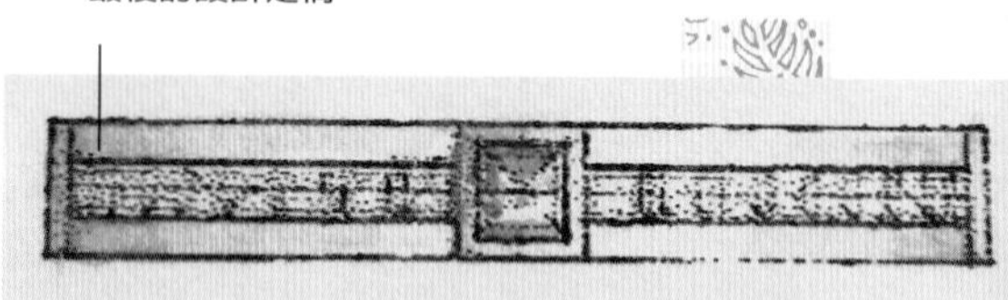

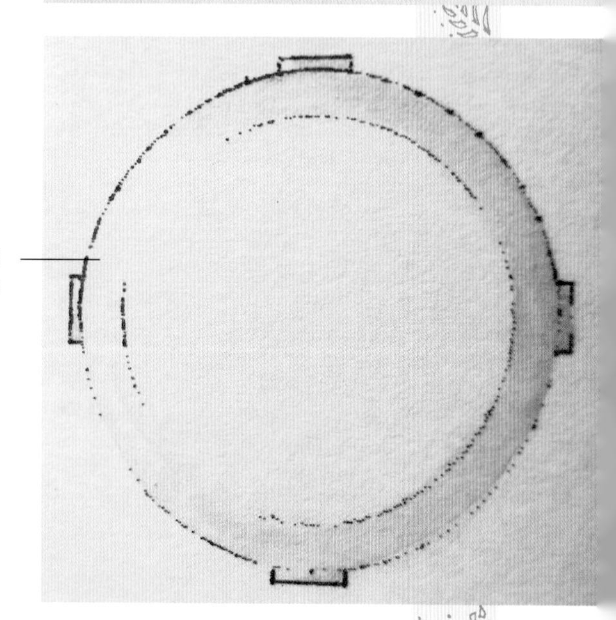

繪製出上視圖和側視圖，可使設計作品一目瞭然。

璀璨經典

為了設計這些貴重材質與寶石這位設計師花許多精力找尋最能展現美感張力的表面質地和鑲台，以配合材質的特性、造型和不同寶石。因此細節的強調和製作技巧的精緻便是最主要的重點。每件作品的細節、平衡和美感都經過仔細的思考決定，因此這些經典的設計都帶有其獨特且濃厚的個人風格。

貴珠寶的設計絕不能流於制式化且無趣。右圖這串珍珠項鍊的創新設計，即是以最先進的「雷射熔接技術」（laser welding）取代了傳統的焊接方式。傳統製作技法無法焊接綴有珍珠的作品，因為這樣會破壞珍珠的表面。由於這種新技術可將熱源集中在極小的範圍內，才得以製作出一些傳統焊接無法執行的設計作品。

這些鉑金和18K金，類似行星軌道造型的籠狀結構，不但包圍了一顆顆的珍珠，同時也扮演著連接每個物件的重要角色。

上圖：圖片前方的22K金戒指以耀眼的紅色剛玉為主體，並在兩旁各鑲了一顆鑽石作陪襯，使整件作品看起來既美觀又耐用。後方的戒指則以香檳色鑽石為主體，並以戒圈上的平鑲小鑽和黃金的豐富色澤作為陪襯。

左上圖：鍛敲的紋路為這款手環與戒指增添了優雅的質感。而設計師在手環和戒指的內圍各鍍上一層22K金，冷酷的銀及溫暖的金撞擊出另一種低調的奢華。

左圖：外圍一圈小顆的白鑽裝飾這個18k金手環；而鉑金戒的戒圈側面，也同樣鑲上一圈小鑽來強調戒指的造型。與戒指和手環的華麗相較，那對風格平實的鉑金耳環只鑲上方形鑽石。

右圖：設計師運用了現代科技，將傳統珍珠項鍊詮釋出極具現代感的作品風貌。

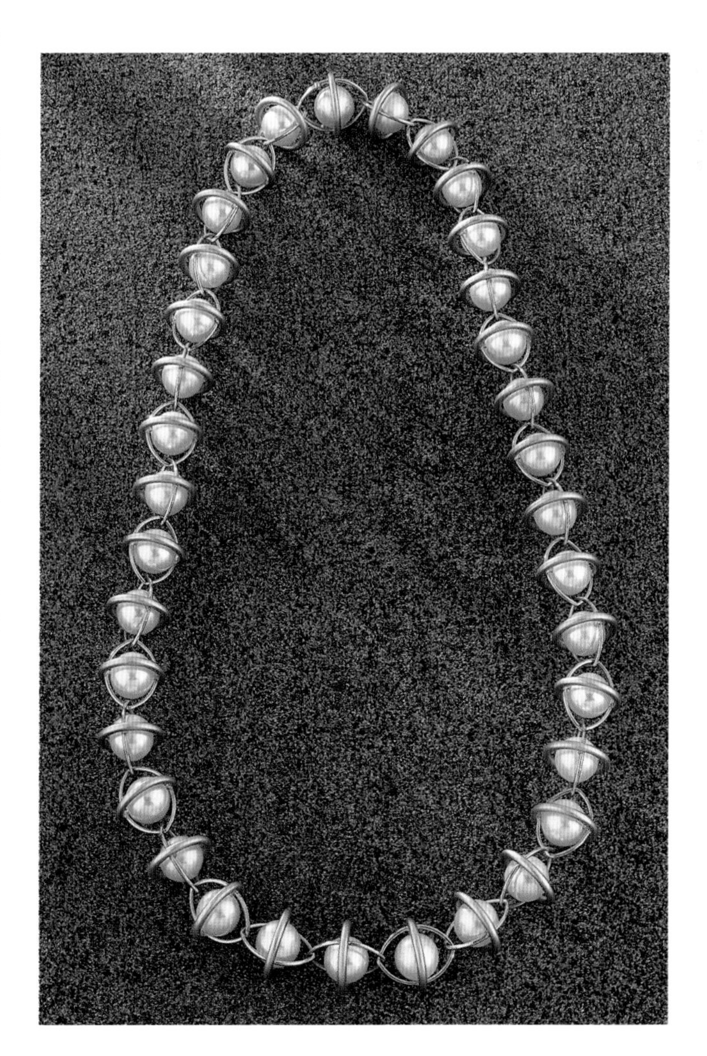

貴珠寶：名家範例

“為了重要場合而設計珠寶，永遠是那麼令人愉快。尤其設計訂婚戒指更是令人滿足，因為它代表了情侶對婚姻的約定儀式。這枚戒指背後還擁有許多象徵性的意涵，並成為兩人愛情誓言的徽章。”

伊麗莎白．歐佛 (Elizabeth Olver)

右頁：因為這件作品的意義重大，設計師在製作最後成品前要先將設計圖稿和模型給顧客過目，得到允許後才能進行下一步。在右頁的模型中，鑲台超過了預定的高度，還有鑽石也未完全固定在鑲台上。設計師這樣做的原因是為了要預留一些修改空間。

華垛戒

這是枚訂婚戒指，也是個珍貴的傳家寶。戒指造型是由中世紀的華麗城堡——老華垛堡（譯註：Old Wardour Castle，一座位於英國西部威爾特郡的城堡，建於十四世紀末）所發想而來，同時也因這個地方是新娘的祖籍所在地。為了象徵兩方家庭的結合，設計師還特地將兩家的家徽都刻在戒圈上。

由於許多父母會在年老時將貴珠寶傳給孩子，因此為寶石重新設計鑲台是很常見的。這枚訂婚戒指即是新郎傳家之寶的一小部分，他取了四顆老式車工的鑽石來訂製這款華麗的設計。戒台的底部也鑲了一顆小鑽石，以平衡整件作品的美感。這枚擁有雙重紀念價值的訂婚戒指必定會成為家族歷史的一部份中。

右圖：這件是完成後的18 K 金戒指。中央的老式車工鑽石就像矗立在城堡的高塔；而兩旁可愛的的爪鑲玫瑰式車工鑽石則代表了小皇冠。

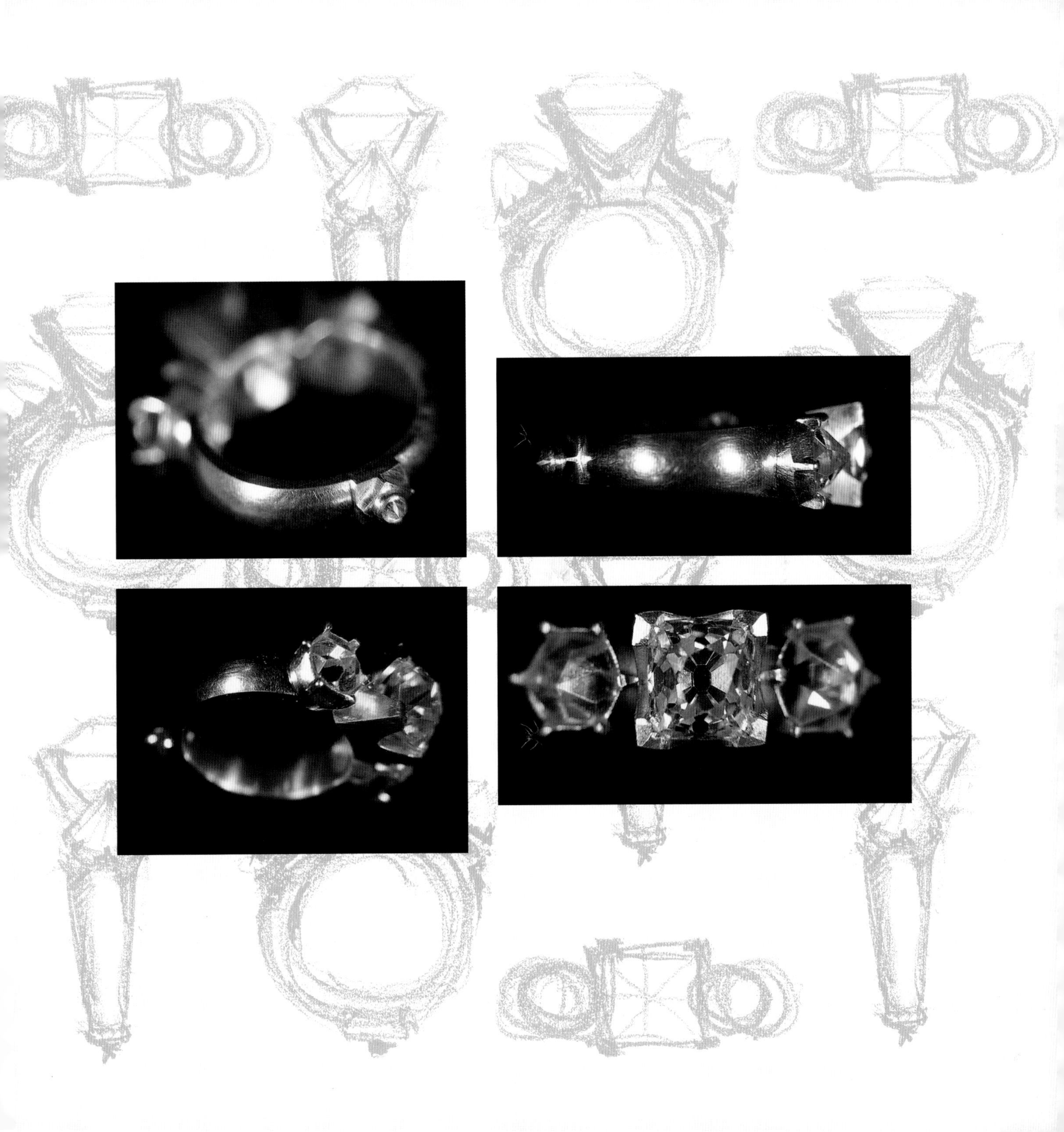

系列主題：概論

當設計師在製作一系列的珠寶作品時，即是將某個主題、材質、或是製作方式作深入探討，最後把整個設計理念發揚光大的過程。一系列的珠寶作品可能是一組不斷進化演變的設計意念，也可能是擁有相同主軸，而卻各有特色的物件組合。

設計的發展工具

設計師通常都較喜歡設計單件作品，因為這樣可更明確地對某項觀點闡述個人主張。但事實上，在任何一件作品的設計發想過程中，一定會有許多不同的構想。只要將這些點子從腦中抽離出來，作更多面向的探討，它們也能成為獨立的個體。如此一來，不同的構想就會以倍數成長。

發展一系列作品的方式可以是不斷在基本造型上添加裝飾，或是持續簡化其外觀。以一個最簡單的圓形戒圈為例，若選擇經由鑄造的方式推展整個設計過程，在不斷的開模、加入新裝飾物、又重新開模的過程後，這枚樸素的戒圈會在每次的蛻變中，轉化成另一個完全不同的物件。而在過程中衍生的作品，就可成為一個系列主題。

上述是創作系列作品一個非常實用的方法，而它同

右圖：此系列胸針的外觀就像某種長腳的昆蟲。由於採用相近的材質與造型，因此一眼便能推斷這些細緻美麗的作品屬於同一系列。為了使作品更引人注意，設計師還在每件線狀造型中加入一些顏色。

左下圖：這一系列的錫製手環上的精巧花紋是用金箔和鉑金箔製作的。

右下圖：這排戒指雖都具有相同的基本外型，但不同的表面花紋代表著不同食材。

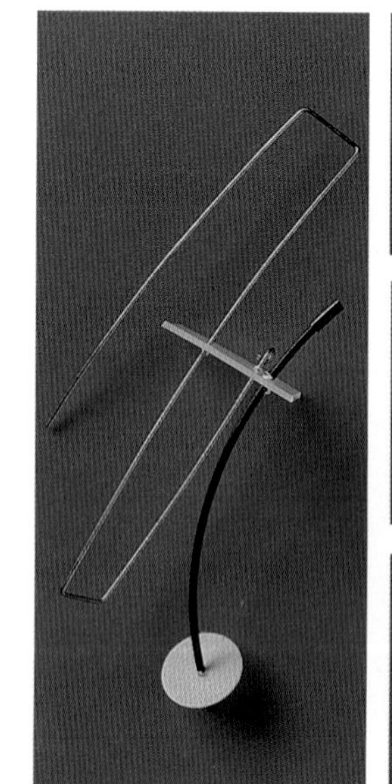

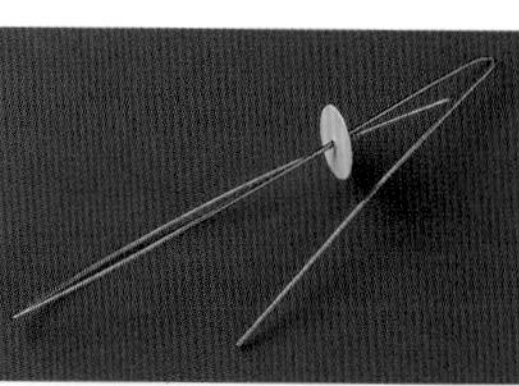

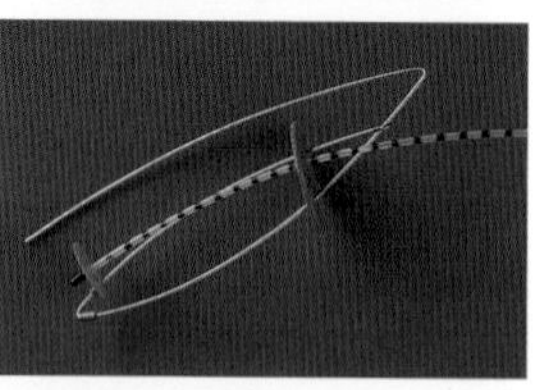

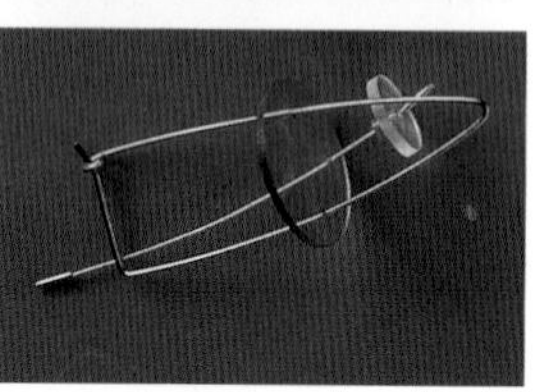

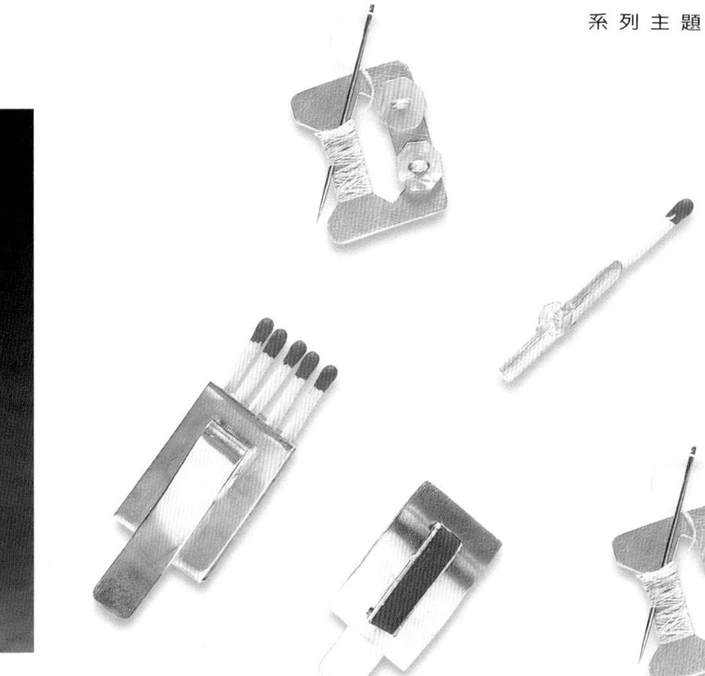

時也是推展設計的絕佳計策。不僅能訓練對造型的理解能力，還能有助於對外觀設計作進一步的發展。

有時也許會覺得整個設計過程中，時常遇到瓶頸，每件事的結果似乎都與當初的計畫不同。這個時候姑且試著回到之前最滿意的那件作品上、重新出發，思索有無新的想法可幫助自己釐清頭緒，找出個可發展成另一系列的設計方向。

著迷

以某些設計師來說，他們非常熱衷於發展一系列的主題作品，且簡直到了入迷的地步。像這樣的熱情對設計發展必定有著正面的激勵效果，而也代表設計師投注了很深的感情在作品中，才能有源源不絕的動力專注於作品。我們時常可見到：同一位設計師的作品在某種層面上幾乎非常相似，也許乍看之下外型或主題並不盡相同，但總有種潛在的概念將它們全部連結在一起。

上圖：這一系列的頸部裝飾中，不論是外型、顏色或是質感，都不一樣，提供了多項選擇，不過最大的難題是：到底應該要把哪件作品帶回家呢？

右上圖：這些男女通用珠寶的設計者，對日常生活中的必需品有很獨到的見解。縱然外型並無很強的關聯性，但只要瞭解整個系列的概念，就能輕易地有所聯想。

右圖：在這些造型饒富趣味的戒指中，可以改變外圈的骨架來調整戒指形狀。由於它們的裝飾方式非常類似，觀眾通常會將它們歸類為同一系列。

系列主題：實例說明

這套名為《越多愈好》(The More the Merrier)的系列戒指很適合作為探討系列珠寶的例證，因為系列作品的物件數量加強了設計對觀衆的衝擊力。在製作系列珠寶的過程當中，設計師也為自己和觀衆創造了許多選擇機會。

互動系列

這套互動系列作品的設計師對人類早已被上天註定的命運有著高度興趣，作品的靈感即是來自人們想探知未來的那股慾望。設計師以邀請觀衆透過這一系列的作品預測出未來即將出現的重大事件。

設計師還觀察了不同文化中的各種占卜方法，並列出一些對我們的生活有著影響力、且我們也極欲得知答案的問題。系列中的每枚戒指都代表某個特定的問題，而觀衆則經由與戒指的互動來占卜出該問題的答案。

右圖：這套作品的各個物件，都代表人生某個重要課題，例如：愛情生活幸福嗎？會擁有幾個小孩？他們是男是女？未來會遇到困難嗎？是哪方面會出現困難？壽命有多長？

下圖：在這幅顯示設計發展過程的草圖中，可以觀察到設計師的靈感來源。

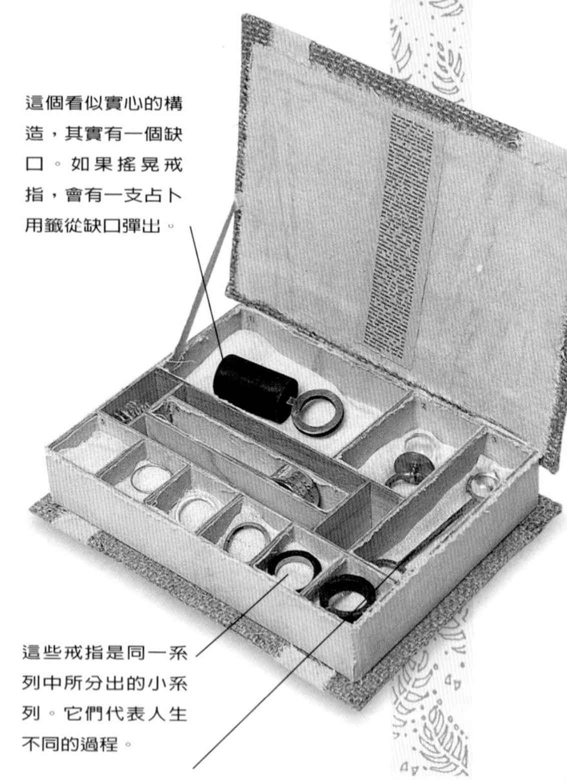

這個看似實心的構造，其實有一個缺口。如果搖晃戒指，會有一支占卜用籤從缺口彈出。

這些戒指是同一系列中所分出的小系列。它們代表人生不同的過程。

這個迷你放大鏡是用來觀看其他戒指上的細小刻字。

關鍵要點

同一系列的作品造型應具備某個共通點。

*

系列作品擁有較震撼的視覺衝擊，也能提供更多選擇。

*

將喜歡的作品發展成系列，是強化設計動力的好方案。

設計師列出了許多不同的構想，但卻不是每個都會被實現。這是占卜用籤原本的構想。

設計師從東方的占卜方式獲得靈感。這裡描繪的就是廟裡求籤所用的竹筒。

右圖：如果分開看這三個陀螺般的胸針，就顯得極不起眼；但若放在一起展示時，這些小巧迷人的作品便會散發出一股難以言喻的魅力，而且視覺效果令人震撼。

下圖：這些以幾何圖樣作造型的戒指，都是設計師用來測試如何改變戒圍大小的。由此便知，簡單的金屬模型製作能極容易得知結構的可行性。

各單元的總和

系列作品比單件作品更容易使人投以好奇的目光，所以系列作品給人的第一印象也就格外重要。在構思系列作品的過程中，常會發展出複雜程度不一的小單元；某些單元可能較為突出，其他的則屬配角。這就表示，設計師在打造系列作品時，需要將重點放在如何凝聚各個小單元，然後創造出可與單件作品抗衡的視覺衝擊。

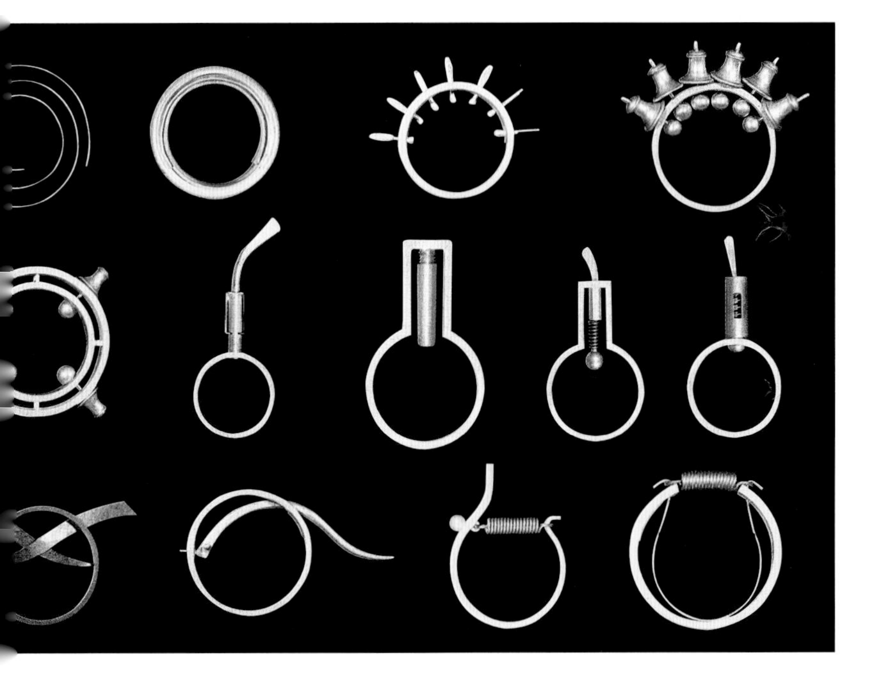

功能與美感

在發展整件系列設計的靈感時，常會以一系列相似的造型來實驗構想的可行性。如左圖戒指的設計師原本只想要找出調整戒圍大小的方式，卻意外發展出這一系列的設計。將各種形式的結構轉換成適用於珠寶的造型後，然後再製作模型、測試這些結構是否可行。若證明結構可行，便進而發展成另一個系列。由於產生上述的次系列作品，設計師便可在功能性之外，加入些一些元素以提升作品美感。

系列主題：名家範例

> 我對設計單件作品沒什麼興趣。我的目標就是設計不褪流行的珠寶。有些我故意設計帶有謎題的小型雕塑戒指，就讓人不禁問：「這些戒指該怎麼戴才對？」
>
> **安琪拉．修柏 (Angela Hübel)**

右頁：設計師希望這些由建築結構發想而來的18 K 金戒指，能作為連接手指的橋樑，好將手指與戒指融為一體。在設計的過程中，簡單的戒指草圖就直接畫在手部圖片上。此外，設計師也非常注重戒指配戴的舒適度，以及整體結構與手指間的平衡與美感。

目光的焦點

戒指造型是所有珠寶款式中變化最大的。在人體結構的限制下，找尋趣味性與獨創性均高的樣式，的確是一大挑戰。在所有可佩帶裝飾品的人體部位中，以手部最具動態。基於這個原因，戒指自然成為最「動感」的珠寶式樣，永遠是衆人目光的焦點所在。

當安琪拉．修柏期許自己設計出具現代感的造型，但就像人們的身體不可能不完美一樣，她並不拘泥於機械製作的精準與整齊。她不斷收集整理任何可能的造型，因為她覺得好的構想不會憑空出現。總之，安琪拉的作品概念，都來自她對珠寶設計的熱愛所形成的原動力，加上持續的實驗、探索。

她會不停推衍同一個主題，直到探討過所有的可能性為止。而最後當然就是打造出一系列具有相關造型的作品。

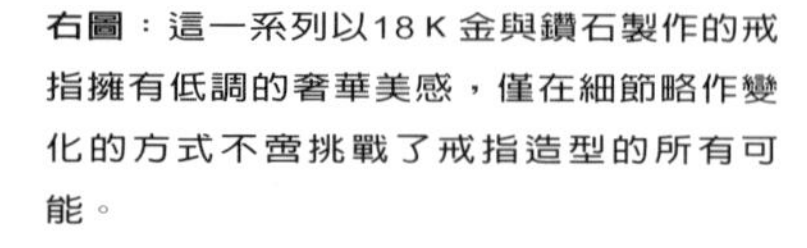

右圖：這一系列以18 K 金與鑽石製作的戒指擁有低調的奢華美感，僅在細節略作變化的方式不啻挑戰了戒指造型的所有可能。

雕塑風格：概論

珠寶通常是為了美觀和裝飾功能而設計的。但也有許多設計師將他們自己的珠寶定位於純藝術的領域。既然如此，那必定有人會問：「珠寶設計到底是屬於設計領域，還是純藝術領域？」由於大部分的珠寶具有可供佩帶的功能，多數人還是將它劃分在設計領域。但這並不表示它不能以純藝術的手法表現，例如珠寶當用3D立體的造型展出時，便與純藝術領域中的雕塑並無相異。

注意與瞭解

不管僅純粹用來佩帶的珠寶，或是純藝術型態的珠寶，作品背後知性的設計概念都是作品重要的環節。對於喜愛製作具雕塑風格的珠寶設計師而言，最大的挑戰就是得思考如何設計出一件具強烈視覺印象，並能輕易擄獲觀衆目光的作品，並經由這件作品傳遞一些之前被忽略的想法。

因為具雕塑風格的珠寶通常是為了激發人們對某種事物的想法而製作的，所以它比一般純裝飾性的珠寶有更多需要注意的細節，在許多層次上都較複雜。

上圖：這兩枚活潑、造型奇特的戒指，不管是佩帶或是單獨展示，都十分吸引人。不僅結構上與傳統戒指造型相異，且與珠寶的連結關係也不明顯，因而在單獨展示時保有獨性。

左下和下圖：雖然這四枚戒指都可以單獨配戴，但整件作品的目的是要塑造成一組具雕塑風格的珠寶。左下圖即是正確的展示方式。展示座底部是一面鏡子，將戒指們排列在上方時，圓筒構造內部的月光石即可由鏡中清晰地反射出來。

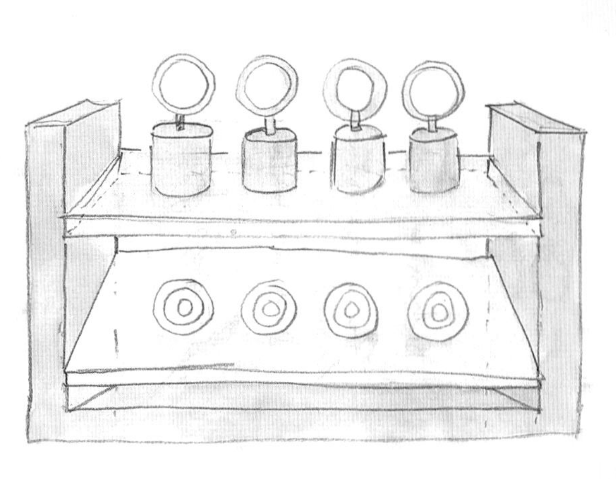

在形狀、結構、顏色、質感等等的設計基本要素之外，這類珠寶還有其他一些需要特別注意的重點，以確保設計師的構想可成功傳達給觀衆，好比有時可用作品標題解釋整體的設計概念，或是以觀衆及佩帶者與作品間的互動來強調作品背後的深層意念。

佩帶與獨立展示

如同其他類型的珠寶作品一般，當設計師開始製作雕塑風格的珠寶時，也必須仔細考慮諸如形狀、結構、顏色、質感、情感、功能性等等設計基本要素，而且還必須將作品獨立展示時所呈現的方式也併入設計大綱。這點是非常重要的，因為不管日後是佩帶在身體上或是獨立展示，此類珠寶在這不同的兩種情境下都必須代表設計師所希望傳達的某種觀點，避免「走味」的失誤。

另外，像是針頭、扣頭、戒圈等具功能性的物件在這類作品中，通常都較不顯眼。所以務必將這些功能物件融入整體的造型中，如此才不至於模糊了視覺焦點。

上和左上圖：以糖果罐和寶物盒為創作基調，顯而易見地，這對戒指的靈感來自人們孩提時代的想像。雖然可被當成一般戒指佩帶，但獨自展示時，卻也不失為兩件讓人玩味再三的作品。

右上圖：若不把這件細緻卻又散發出高貴氣質的戒指展示出來就太可惜了。戒指上方的玻璃管中擺放著綴有珍珠的小樹枝，戒圈的側面則刻了某一首歌的歌詞。

右中和右下圖：這件名為《巴西葬禮的羽毛》(Funeral feather for Brazil)的作品中，每片葉狀的物件都被刻上一種瀕臨絕種動物的名稱，而背面則顯現了類似輪胎痕跡的紋路。葉片的總數等於製作時瀕臨絕種動物的總數，因此這件作品即是項紀錄，一旦某種動物真正絕跡，那片刻有牠們名字的葉片將會從胸針上取下，讓人不禁悲傷地祈禱，別再拿下任何一片葉子了。

雕塑風格：實例說明

有時，設計師會不自覺地在具雕塑風格的珠寶中投注許多私人情感，甚至將其視作淨化心靈的療程，由創作中獲得某種程度上的解脫。而一旦設計師能讓作品中某樣概念、材質、象徵意義、特質使觀眾產生共鳴，那麼這件珠寶就成功地觸動人們的心靈，印象當然也極為深刻。

童年記憶

本頁作品的設計師秉持著懷舊的心情使然，想要保存童年的記憶。就是這件雕塑風格珠寶的最大推力。對這位設計師而言，童年是一段非常珍貴而特別的歲月。

這件墜飾所包含的許多有趣小玩意。石版瓦表示設計師對大自然的熱愛，石膏則代表永恆不變的回憶，而其中私人收藏的物品則代表對自然、建築的喜好，與熱情。至於類似時鐘的針面象徵時間流逝，鈕子是代表已失去且不再具有任何意義的東西。墜飾內部的文字是需要使用附於作品內的放大鏡才能清楚地閱讀。

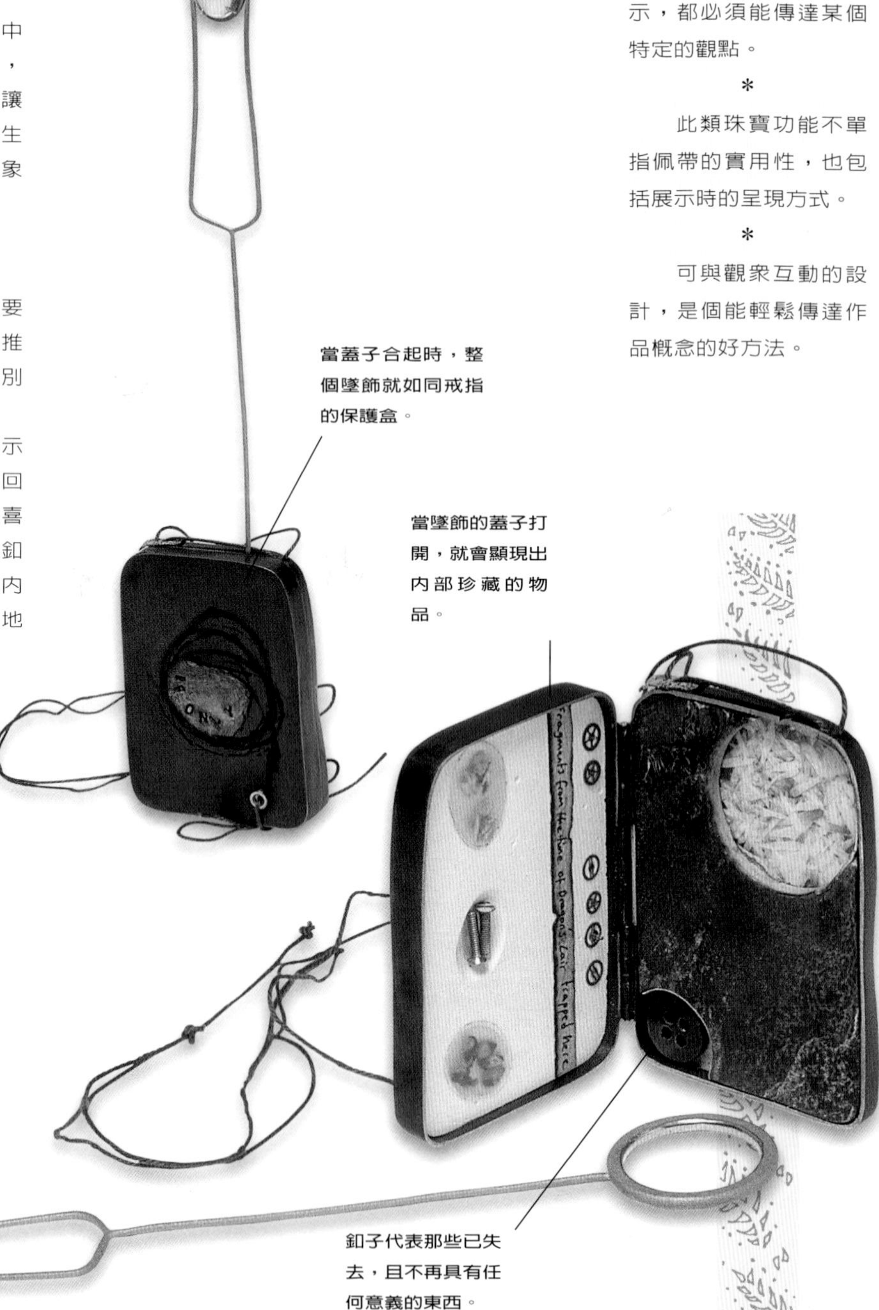

當蓋子合起時，整個墜飾就如同戒指的保護盒。

當墜飾的蓋子打開，就會顯現出內部珍藏的物品。

這個作為放大鏡的寶石是用來觀看墜飾內部像謎語般的文字。

鈕子代表那些已失去，且不再具有任何意義的東西。

本頁：這件製作精巧的設計擁有相互依存的兩部分，代表設計師有強烈的設計敏感度。

關鍵要點

具雕塑風格的珠寶不管是佩帶，或獨立展示，都必須能傳達某個特定的觀點。

*

此類珠寶功能不單指佩帶的實用性，也包括展示時的呈現方式。

*

可與觀眾互動的設計，是個能輕鬆傳達作品概念的好方法。

右圖：這三枚18K金戒指是非常具幽默感的迷你雕塑作品。一旦戴上之後，將發現土司會往上彈、酒瓶的塞子可以拔出來、魚缸中的魚會跳出來追尋自由。

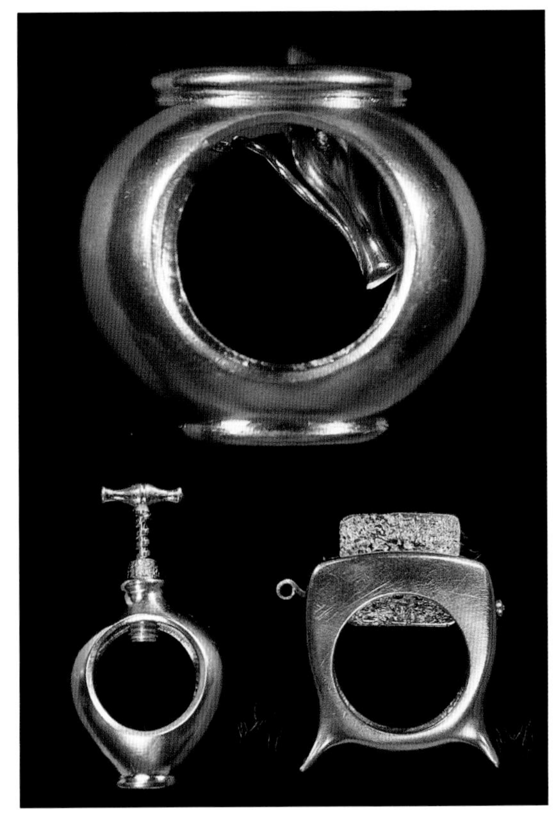

樂與憂

這是另一件敘述童年樂與憂的作品。設計師將許多有趣的畫面轉換為成人感興趣的題材，並用精細的作工呈現整個設計。由那些偷擦媽媽的香水、偷穿媽媽的鞋子，與偷戴媽媽的珠寶反映出孩子期待長大的心情，都被設計師表現在作品中。

這些戒指都擁有可隨意改變戒圍大小的結構設計，所以當戒指成為傳家寶時，並不需要特地拿給珠寶師傅調整戒圍大小。縱使戒指對小孩子來說還是大了一些，但還是可供多數人佩帶。而戒指還有個特殊的設計，那就是獨立展示時，它們都可以直立。

嚴謹卻隨意的珠寶

設計師在這件作品中所強調的是一當珠寶離開身體後所發生的事。設計師一點都不希望只把作品收藏在盒子裡，他希望這款手部裝飾品在未佩帶時，也能成為一件雕塑工藝品。

正因如此，設計師還將手部裝飾的銀製背面全貼上魔鬼粘，並鼓勵佩帶者隨意讓這件飾品沾在一個也貼著魔鬼粘的表面上。這樣一來，這件手部裝飾就可由一件珠寶作品，轉換成另一件隨性的雕塑作品。

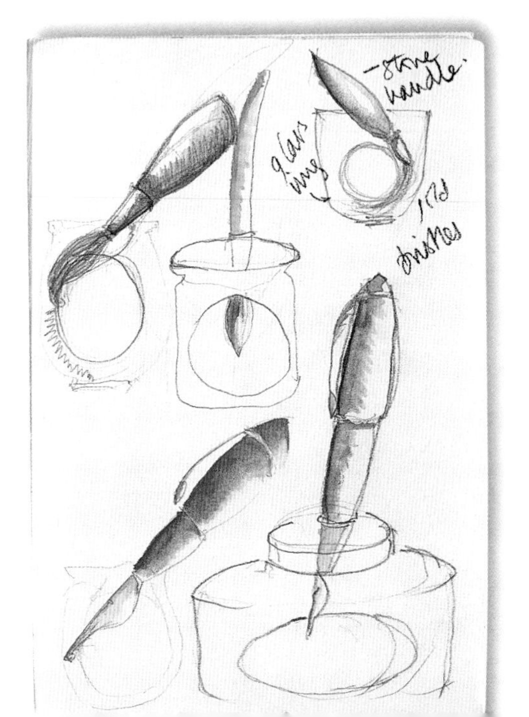

左圖：畫筆、墨水和水盆是這一系列雕塑戒指所考慮使用的元素。不管是佩帶在手上或是獨立展示，它們都能產生戲劇化的視覺效果。

右圖：這是一件使用不列顛銀（譯註：britannia silver，一種純度為958的銀，比一般用來製作銀飾的銀sterling silver純度925，還要精純）與以自然有機製造的手部裝飾。作品背後還貼了人造的魔鬼粘，形成與前述的自然有機材質作對比用。設計師期望，不管在任何情況之下，都能成為一件藝術品。

雕塑風格：名家範例

“我對那種『未完成』，即不能實際佩帶的珠寶相當有興趣。我希望我的設計作品可以幫助自己瞭解人生的意義。就如這件作品探討的主題是良心包袱，也來自我的童年經驗。”

若伊．阿諾 (Zoe Arnold)

右頁：這對用來探討愛情關係重量的戒指，它們呈現的方式看起來較像是一件雕塑。下圖本子中的素描則是《懺悔之盒》的發想過程。設計師認為蛋是生命的象徵，所以甚至認為自己之前吃蛋的行為是一種罪惡。

《懺悔之盒》

這件具紀念價值的作品主題為「良心」。設計師利用「樹」的造型來代表這個概念；她認為樹的美有許多層面，多數人都只將它視為知識的象徵。樹的下方放置一個裝有一顆種籽的玻璃盒和一顆生鏽的小珠子。種籽代表了一股潛在力量—如果忽視「良心」，它就不會長成；就像不去照顧種籽，它就無法茁壯成為一株植物。這件戒指的特殊設計在於，戴上這枚戒指時，這顆種籽就會被破壞；作品的主人可以決定要不要戴上戒指。很顯然的，設計師並不希望有人真的戴上戒指。作品用意僅在探討人類的良心。

這件《懺悔之盒》(Confession Box)還包括其他幾樣東西：一枚刻有紐西蘭毛利人諺語的戒指、一只小鳥裝飾的戒指、一顆貝殼製成的蛋，代表設計師花園中那隻死去的小鳥、還有一些鐵絲折成的人形，這是古老諺語：「良心是一千個證人」(conscience is a thousand witnesses)的延伸。

右圖：這件作品中所有脆弱的小物件，都被安置於一個極具重量的水泥盒中，當盒蓋蓋上時，只有樹木的部分會顯露出來。當要檢視這件作品而掀開水泥盒蓋時，就會發現良心包袱竟是如此沉重。

A SEED OF CONSCIENCE
WHICH RELIES ON IT'S SURROUNDINGS TO SURVIVE.
SEEDS, A REPRESENTATION OF YOUR CONSCIENCE + YOUR POTENTIAL GIVEN FORM, TO BE NORISHED + GROW, OR NEGLECTED + DIE, SOMETHING
An egg is a representation of life, our future + our past.
What came first? the chicken or the egg?
TO TAKE ANOTHER
TO TAKE A LIFE...
TO EAT ANOTHER'S CHILD.

詞彙解釋

合金(Alloy)：
兩種或以上的金屬所融合成的合金。

鋁(Aluminum)：
金屬元素，符號Al，原子序數13，一種輕量，銀白帶藍，具延展性及柔軟度的金屬。

陽極氧化處理(Anodizing)：
一種用電極改變金屬表層顏色的加工過程，常用於鋁和鈦。

非貴金屬(Base Metal)：
例如鋁，黃銅，銅，鎳，白鐵，鋼和鈦等等。

包鑲台座(Bezel)：
圍繞寶石的金屬包鑲台座。

綑綁用鋼線(Binding Wire)：
焊接時用於固定或綑綁焊接物所使用的鋼線。

蛋面寶石(Cabochon)：
一種切割成圓形或橢圓形光滑蛋面的寶石，無刻面。

電腦輔助設計(CAD)：
Computer Aided Design，利用電腦輔助的設計。

紅玉髓(Carnelian)：
半寶石，屬於石英的一種。

金屬鑄造(Casting)：
鑄造立體金屬物品的方式；將融化的金屬倒入預先準備好的模中。

鑄造原件(Casting master)：
鑄造金，銀，鉑金和青銅時，用來開模的原件。

扣頭(Catch)：
用來扣緊如項鍊，手鍊等各種鍊子的扣頭。

槽鑲(Channel setting)：
一種鑲嵌寶石的方法。將一排寶石鑲嵌於預先製作好的軌道式鑲台上。

冷性腐蝕(Cold etching)：
用冷的酸性化學藥劑來蝕刻金屬表面，創造出裝飾性的花紋。

材料製作表(Cutting list)：
製作珠寶所用的材料表，包括尺寸及數量等，以便記錄材料的需求。

衝圓法(Doming)：
用工具將金屬片隆起呈圓頂狀的過程。

延展性(Ductile)：
形容金屬易彎曲和柔軟度的屬性。

金屬電鑄(Electroforming)：
利用電極將金屬分子覆蓋在模芯上，而後取出模芯，形成金屬空心表殼。

等邊三角形 (Equilateral triangle)：
三邊長度都相等的三角形。

抗腐蝕劑(Etch resist)：
用於金屬蝕刻時，覆蓋於不需腐蝕的部分。

蝕刻法(Etching)：
運用酸性化學藥劑來腐蝕金屬表面，形成裝飾性的紋路。

永恆之戒(Eternity ring)：
一種戒圍整圈都鑲上一排寶石，用來紀念第一個誕生的小孩的戒指。

寶石刻面(Facets)：形容寶石切割的專門用語，指的是寶石切割後所產生的小而光澤的平面。

扣件(Fastenings)：
扣子配件或零件，用來連接項鍊或手鍊的兩端。

銼磨(Filing)：
將材料多餘的部分用銼刀銼磨去除。

表面處理(Finish)：作品表面的最後加工。

皺摺成形(Fold forming) ：
用鍛敲方式製造3D立體之曲線造型。

塑形工具(Former)：
任何可讓金屬塑型的物件，通常是鋼製。

寶石(Gemstone)：用於珠寶製作的任何貴寶石或半寶石。

鍍金過的(Gilded)：通常是指銀底鍍黃金。

等腰三角形(Isosceles triangle)：三邊中有兩邊長度相等的三角形。

雷射切割(Laser cutting)：利用雷射來切割寶石或金屬等等。

雷射熔接(Laser welding)：利用雷射來做金屬的焊接。

車床(Lathe)：用以車削圓形物件的機器。

可鍛性(Malleable)：

形容金屬可供鍛敲，或滾壓的延展性。

縮小板模型(Maquette)：
比實體設計小的原創模型，多用腊或黏土作成。

輾壓成形(Mill pressing)：
利用壓片機將富紋理的材料轉印至金屬片，來創造金屬表面的花紋。

木目金技法(Mokumé gane)：
將多片金屬熔合在一起，經由多次擠壓、切削、銼磨輾壓而成。

貴金屬(Noble metal)：
不易受到空氣氧化的金屬，如鉑金和銀。

鈀(Palladium)：
金屬元素，符號Pd，原子序數46，深灰色金屬，類似鉑金，有時也用於珠寶的製作。

化學染色(Patination)：
一種改變金屬表面顏色的方法。將金屬暴露於化學藥劑中讓其表面產生變色反應。

熱塑性塑膠(Plexiglas)：
或稱Perspex，一種透明或彩色的熱塑性塑膠，有片材及棒材可購買。

印刷蝕刻法(Photoetching)：
利用紫外線和感光化學藥劑在金屬表面來蝕刻出需要的紋路。

酸洗(Pickling)：
用酸洗液清潔焊接過後的氧化物和助焊劑。

金屬鏤空(Piercing)：
將金屬片鋸出鏤空、如蕾絲般的花紋。

塑膠(Plastic)：一種可塑形的材料，例如熱塑性塑膠等。

金屬電鍍(Plate)：
利用電流將金屬分子覆蓋在另一層金屬上。

貴重的(Precious)：
用於形容貴重寶石如鑽石，藍寶，紅寶和祖母綠；或形容貴金屬如金，銀或鉑金。

壓花(Pressing)：
利用沖壓方式在金屬片上壓出立體中空的花紋。

輪廓(Profile)：物體的外圍形狀。

焊接(Soldering)：運用高溫和焊藥將兩片金屬接和的方式。

樣紙(Templates)：
用來輔助切割或畫外框的鏤空版或圖樣。

鈦(Titanium)：金屬元素，符號Ti，原子序數22，堅硬而輕量的灰色金屬，陽極氧化處理後會產生各種鮮豔顏色。

工具準備(Tooling)：
創作開始前的工具製作和擺設。

白鑞(White metal)：
一種灰色的錫合金，熔點低，多用於量產珠寶。

索引

斜體數字為圖片說明

謝誌

作品圖片提供：

Quarto would like to thank and acknowledge the following for supplying pictures reproduced in this book:

Key: b = bottom, t = top, c = centre, l = left, r = right.

Whitney Abrams 122bl, 126/127 all, 129tl, 131tl/cl, 138br (Photographer: Ralph Gabriner), Eun An 34bl; 34bc/br (Photographer: Graham Murrell), Zoe Arnold 13tl, 15tr/cr, 22bl, 24tr, 30bl, 37tl, 42bl, 125tl/tr, 154 all, 155br/bl; 125br (Photographer: Graham Murrell); 155t (Photographer: Elizabeth Olver), Malcolm Betts 141tl/tc/cl (Photographer: Graham Murrell), Elizabeth Bone 106/107 all (Photographer: Norman Hollands, C.A.D. work: Andrew Bardill), Jessica Briggs 18tr, 42t, 55tr, 56tr, Elizabeth Caldwell 15tl, Jennifer Caldwell 10br, 13bl/br, 19cr, 30br, 101 all, Elizabeth Callinocos 35tl/tc, 49tl, Kuo-Jen Chen**陳國珍** 11tl, 20ct, 41c, 44bl, 63bl, 66cr, 85br, 90r, 104tr, Barbara Christie 10bl, 19tr, 23tr, 97, 115, tl/tc, 119bl, 128br, 131br/c, 145tl (Photographer: Joël Degan), Kimmie Chui 151tr (Photographer: Graham Murrell), Kirsten Clausager 20t, 27bl/bc (Photographer: Ole Akhoj), Cox & Power 105br (Photographer: Tim Kent), Jacqueline Cullen 129tr; 151cr/br (Photographer: Graham Murrell), Jack Cunningham 20b, 24c, 26c/tc/tr, 29br, 30tr, 34tr, 77cl, 100 all, 114bl, 120/121 all, 123tr/c, 128cr, 130 all, Mikala Djorup 41br, 64 all, 84tr, 98tr/c, Dower & Hall 138bl, 139tl, Martina Fabian 31bl, 63br, Heather Fahy 69tr/cr (Photographer: Graham Murrell), Emma Farquharson 10tr/cr, 31br, 49tr, 119cl; 49br, 104br, 110cl, 119tl, 145br (Photographer: Joël Degan), Ian Ferguson 20cb, 44c, 48tr/cr/br, 61br, 93tr/cr/br (Photographer: Terence Bogue), Anne Finlay 81tl, 144tr, Shelby Ferris Fitzpatrick 27tl/tr, 72br, 144br; 72tr (Photographer: Mike Blissett), Beth Gilmour 58/59 all, 86tl; 59bl/br (Photographer: Elizabeth Olver), Sarah Graveson 31tc, 40tr, 78/79 all, 93 all, 114tr, 115tr/cr/br, Castello Hansen 81bl, 104bl, Joanne Haywood 85tl, 144br; 92 all (Photographer: Elizabeth Olver), Katharine Haywood 80tr, Catherine Hills 112/113 all (Photographer: Norman Hollands), Dorothy Hogg 41tl; 18bl, 21 all, 22tl (Photographer: L.L. Maccoll); 72bl (Photographer: John K. McGregor), Angela Hübel 45tl, 84c/cr (Photographer: George Meister); 85tr (Photographer: Eva Jünger); 148/149 all (Photographer: Mathias Hoffmann), Fleur Klinkers 66bl/bc (Photographer: Graham Murrell), Masami Kobayashi 151tl (Photographer: Graham Murrell), Yvonne Kulagowski 11br, 31tl, 116/117 all (Photographer: Alasdair Foster), Dieter Lorenz 29tr, 87tl, Stacey Lorinczi 36br, 145tr; 132/133 all (Photographer: Elizabeth Olver), Alice Magnin 119br/bc, 128t, 134br/tr, Sarah May Marshall 39tl; 36bl, 82/83 all (Photographer: David Turner), Hannah Martin 57br/bl, 62cr, Noriko Matsumoto 43tr, 124 all; 55br (Photographer: Graham Murrell), Joanne McDonald 45tc (Photographer: Graham Murrell), Sarah Meanley 11bl, Francais Montague 134bl, Kathie Murphy 51br, 54bc, 67tl, 133tl, Monmo Nagai 133bl (Photographer: Graham Murrell), Yoshiko Nishina 14b; 105tl (Photographer: Graham Murrell), Angela O'Kelly 28bl, 40bl, 54cl, 61tc, 67tr, 87tr/br (Photographer: Graham Murrell), Hiroko Okuzawa 11tr, 15br, 38tr, 39bl, 43bl/br, 109tl, Elizabeth Olver 11cr, 12bl, 17br, 22br, 23bl, 25 all, 26b, 32bl/tr, 35br/bc, 50cr/br, 51tl/tr/bl, 54tr/tc, 69bl, 73bl/tc/tr, 77tr, 80bl/br, 84bl/br, 98bl, 109cl, 114br, 123bl, 139br/tr, 140tl/br/cr, 142/143 all, 147b, 153bl/tc, Peter Page 118br/tr, 138tr (Photographer: Llewellyn Robin), Adam Paxon 19bl, 41cr, 70/71 all, 99tl, 108tr, 147t, 150tr (Photographer: Graham Lees), Marie Platteau 55tl, 77tl, 90bl, 91tl, Suzanne M. Potter 62tl/bc, 74/75 all, Simon Ralph 81br, 153br, Tom Rucker 44tr, 141br (Photographer: K. Gåbler), Jennifer Sauer 17tl/cl, 38cr/b, 45br/bl, 48bl, 52/53 all, 56br, 110tr/cr/br (Photographer: H. Becker), Vannetta Seecharran 57tr/c, 63tr, 86c, Carla Shanks 37br; 98br (Photographer: Graham Murrell), Zara Simon 133tr (Photographer: Graham Murrell), Emily Smith 33br (Photographer: Graham Murrell), Lila Stern-Shewry 18tc, 99br, 109br (Photographer: Aliki Sapountzi), Robyn Stevens 86br, Ai Suzuki 33tl/tr (photographer: Graham Murrell), Laura Tabor 12tr, 39tr, 42cr, 66tr, 108bl/br, 136/137 all, Simon Hicks 105tr (Photographer: Graham Murrell), Kyoko Urino 35tr, 67bc (Photographer: Kuni Yasu), Manuel Vilhena 12cr, 24bl, 28tr, 88/89 all, 129bc, 150bl/br, Paul Wells 102/103 all, Kirstie Wilson 13bc, 16tr/bl/br, 14tr/cr, 29bl, 36tr, 60tr/bl/br, 68tr/bc, 69br; 152 all (Photographer: Graham Murrell), Franky Wongkar 23tl, 146bl/tr; 61cl/bl (Photographer: Graham Murrell), Tomomi Yokoyama 94/95 all (Photographer: Elizabeth Olver), Anastasia Young 24br, 40cr/bcr/br, 76 all, 111 all, 118bl, 122tr/tc/cr/c (Photographer: Graham Murrell).

The author would like to thank Miles, Beth and Penge for their infinite patience and unerring faith, and Yvonne Kulagowski for her help, encouragement and tireless support.

國家圖書館出版預行編目資料

珠寶與首飾設計：從創意到成品／伊麗莎白・歐佛(Elizabeth Olver)著：林育如譯--初版--〔臺北縣〕永和市：視傳文化,2005〔民94〕
面：公分
含索引
譯自：The art of jewellery design：from Idea to reality
ISBN 986-7652-52-5(精裝)

1.珠寶工

472.89　　94010957

珠寶與首飾設計 THE ART OF JEWELLERY DESIGN FROM IDEA TO REALITY

著作人：ELIZABETH OLVER
翻　譯：林育如
校　審：楊彩玲
發行人：顏士傑
資深顧問：陳寬祐
中文編輯：林雅倫
特約編輯：蔡郁俐
版面構成：陳聆智
封面構成：鄭貴恆
出版者：新一代圖書有限公司
中和市中正路906號3樓
電話：(02)22266916
傳真：(02)22263123
印刷：SNP Leefung Printers Ltd

每冊新台幣：560元

ISBN 986-7652-52-5
2008年3月1日　初版一刷

This book is produced by
Quantum Publishing Ltd
6 Blundell Street
London N7 9BH